JN142606

今日からできる
頑張りすぎない12のこと

明るい
老犬生活

著者
老犬生活応援隊

企画
福山 貴昭 ・ 間曽 さちこ
（ヤマザキ動物看護大学 講師） （ペットケア・アドバイザー）

文一総合出版

はじめに

飼いイヌの老化、老犬の介護、愛犬を看取る、そういった言葉をイヌを飼い始める際に頭に浮かべる人はごく少数でしょう。目の前で元気に飛び跳ねる仔犬、その姿からそのイヌが老いている姿を想像するのは困難だからです。

かくいう私も 20 年来連れ添った愛犬を飼い始めた際、老後について考えていたかといえば正直そのような考えは、まったくなかったと言っていいと思います。しかし、イヌはほぼ確実に人間よりも早く老い、早く死ぬことになります。具体的な「別れ」ということを考えることはもちろんなのですが、最近ではそこに至る過程で現れる「イヌの老い」とどう付き合っていくか、という課題も現実問題として目につくようになってきているのです。

人間だけでなく動物の世界も医学や薬学、栄養学などの発展に伴い、ペットの寿命は確実に伸びました。それに伴って一昔前では考えられなかったような動物の生活習慣病、内臓疾患などの症状や筋力の低下、骨格の歪み、歯が抜け落ちてしまうなど、老化に伴う疾病や症状を示すペットが増えてきています。そのため多くの飼い主が以前であればその前に寿命を迎えていたかもしれないペットの老いた姿と向き合うことになるのです。そして、実際にペットのこれまでと違う老化現象に接すると、多くの戸惑いや不安を感じる方が多く、どのように対応すべきか、予防や症状の緩和にはどんな方法があるのか、ひとりで悩んでしまう飼い主も少なくありません。

また、そうした老犬と接する飼い主の健康、精神衛生の問題も忘れられがちですが、重要な問題になっています。長期にわたる飼育の結果生じるさまざまなペットの「老い」に対して過度な責任を感じてしまったり、イヌを看取った後、「ペットロス」という喪失感におそわれるといった、飼い主が健康を損ねてしまうような、ひとりでは対処しきれない事態も稀ではないのです。

現在、動物を巡るさまざまな分野で「老化」「老い」の問題は顕在化しており、それぞれの分野ごとに「老化」という現象を捉えていますが何歳から老犬だ、といった統一見解があるわけではありません。歯学、循環器、骨格、飼育環境、犬種、個体差、そうしたものによるばらつきがそれぞれあり、愛犬の状態に変化が生じるのが一体いつ頃からなのか？ なかなか外から判断はできません。

愛犬と過ごす中で感じる違和感や心配事、そうしたものが「老い」によるものなのかどうか？ 当時の私にとってそれが分かったらどんなに気が楽だったかと考えることもしばしばです。

本書は、こうした長期間の動物飼育に伴って生じるさまざまな事態に関してまとめておくことが飼い主や老犬の症状や精神状態を理解するための一助になると思い、日頃から介護、精神、疾病など、ペットの老化に関わっておられる先生方にお願いをしてまとめたものです。

資料編には、一般の飼い主の体験談を掲載しました。100人いれば100通りの老犬介護があり、現在進行形で老犬と向き合っている飼い主の存在を知ることで、悩み苦しむ飼い主が「私だけが特別ではない」と、この本を手にとって感じていただければ嬉しいです。

編集 間曽さちこ

目次

老犬の最期と飼い主 編

お役立ち資料室 編

老犬介護実例集

老犬と生活環境 編

第1章

飼い主も老犬も楽しい食事

この章では、老犬に必要な栄養素やサプリメントについてまとめました。愛犬と飼い主、ともに食事の時間が楽しく過ごせるように作り置きできる老犬用メニューを写真つきで紹介。毎日のことなので少しでも楽に楽しい時間になりますように……。

監修／花田 道子

Point 無理なく続けられる楽しい食事を考えましょう

1 必要な栄養と食品選びの注意点

●長生きさせるための食事

もっと長生きさせるためには、なにを食べさせたらいいのか？ 飼い主であれば、誰もが考えることでしょう。「高額な市販食品」を試してみたり「手間暇かけた手作り食品」を作ってみたりと、飼い主は愛犬に「よりよい食事」を食べさせ「長生き」させたい一心で悩みます。

動物病院のカルテから1980年代のイヌの平均死亡年齢を算出したデータを見ると３～４歳で死亡していたとあります。昨今、獣医学の進歩や飼い主の意識向上、ペットフードの普及などがイヌの寿命を格段に伸ばしていることは間違いありません。ペットフードに関しては、飼い主からの多様なニーズにこたえるため、犬種や年齢のステージごとに選べるようになりました。食事のコントロールと体型維持で寿命を15%近く伸ばすことができるという研究もあり、真剣になるのは当然です。ただ、老犬になると、どうしても「噛む力」が衰えてしまい、今までのように食べられなくなったり、嗅覚が衰えて食欲を感じなくなってしまったりする事例もあり、悩みは深まるばかりです。この章では、食事を用意する飼い主自身が楽しく続けられて、かつ食べる側の老犬も幸せになれる食事方法とサプリメントについて紹介します。

●老化を防ぐ工夫

老犬のための手作り食を考えるとき、とくに注意したいのは、老化による消化吸収率の低下を配慮し、「錆びないカラダ」を維持するための抗酸化食を作ることです。

ヒトの健康食品などの広告でも「抗酸化食」という言葉をよく目にし、耳にしますが、簡単に説明すると活性酵素を無害にする物質（「抗酸化物質」）を含んだ食事です。活性酵素は、空気中の酵素が体内に入ることでできる物質で、体内に侵入する細菌やウイルスなどからカラダを守ってくれるありがたい存在である一方、活性酵素によって「錆びてしまった細胞」が周りの細胞までも酸化させてしまいます。

最近の研究では、ヒトの生活習慣病の90%が活性酵素が原因となっていると考えられています。そんな活性酵素を無害なものに変える働きをするのが「抗酸化物質」で、若いころであれば体内で作り出すことができますが、老化に伴いその能力は低下してしまうため「食事」として取る必要があることもわかっています。老犬のカラダでもヒトのそれと同じようなことが起きていて、抗酸化物質を含んだ食事を食べさせることで、さまざまな病気のリスクを軽減させることができるのではないかと考えられています。

●みんなはなにを食べているのか？

ほかの老犬たちがどんな食べ物を食べているのか気になる方もいると思います。老犬に特化した調査結果は少ないのですが、イヌ全体で考えたとき、アニコム損害保険株式会社（以下、アニコム損害保険）が2013年に実施したアンケートの結果があるので紹介します。

▼与えているフードの割合（回答数3,717）

与えているフード（複数回答）	人数（人）	割合（%）
市販のフード（総合栄養食）	2110	56.8
品種別・目的別などのプレミアムフード	1015	27.3
療法食	614	16.5
手作り食	581	15.6
その他	125	3.4

参考：アニコム損害保険 2013 年アンケート

▼手作り食を与えている理由（回答数3,717）

手作り食を与えている理由（複数回答）	人数（人）	割合（%）
自分で作ると安心だから	1093	62.8
健康によいから	844	48.5
わが子のための料理が楽しいから	414	23.8
家族と同じものを食べさせたいから	235	13.5
市販のフードを食べないから	225	12.9
ダイエット中だから	208	12.0
市販のフードは高いから	45	2.6

参考：アニコム損害保険 2013 年アンケート

●市販品を選ぶときの注意点

飼い主の半数以上が利用しているペットフードですが、ペットフード公正取引協議会の基準をクリアした商品を選ぶことが重要です。とくにシニア用の総合栄養食を選ぶ際は、①原材料名・成分・カロリー含有量・内容量・給与量および方法がパッケージに記載されている。②材料はナチュラル（天然素材）なものでドライフードは包装が真空または窒素充てんされているものを選びましょう。

老犬のカテゴリーに入る7歳ごろからは、肥満に気をつけ、シニア用の食事に変えていきます。肋骨が見えるような「痩せ型」の場合、もう少し後でも問題ありません。どんなフードを与えたらいいのか迷った場合は、かかりつけの獣医師に相談し、健康管理をするうえで足りないものについてはサプリメントも活用しましょう。

Point 手作り食を与える際にも注意は必要

1 食材・サプリメント選びの基本

●健康状態に合わせた食事

愛犬の健康状態に合わせ、どのような効果・効能（作用）を食事に期待するのか。また、好きな食材と手に入りやすい食材をうまく組み合わせながら、作りやすいメニューを考えてみましょう。味つけの有無によっては、飼い主と愛犬で同じものを食べることも可能です。また、うまく摂取できない栄養分については、サプリメントで補うとよいでしょう。

(1) 効果・効能とお勧めの食材

季節の食材を取り入れた食事を作るときは、下の表の効果・効能、お勧めの食材の組み合わせを理解し、必要な成分がバランスよくとれるメニューにしましょう。

▼効果・効能別お勧めの食材例

効果・効能	お勧めの食材
良質なたんぱく質を摂りたい	魚・鶏肉・豚肉・大豆・卵
オメガ3・6（脂肪酸）を摂りたい	青み魚・鶏むね肉
消化酵素を摂りたい	キャベツ・ダイコン・納豆
抗酸化作用を期待する	キャベツ・ニンジン・カボチャ・ブロッコリー・イチゴ
デトックス作用を期待する	キャベツ・ダイコン・白菜・大豆・カボチャ・ニンジン・リンゴ
免疫力を増強したい	シイタケ・マイタケ・エノキダケ

(2) サプリメントと効果

サプリメントはあくまで補助食品で、医療食品ではありません。健康維持のため、トラブル改善のため、治療の補助のため、使用目的に応じたものを選択しましょう。

▼サプリメントの成分別、期待できる効果

期待できる効果	成分
免疫力を高める	β-グルカン（メシマコブ、レイシ）、フコイダン
関節炎のサポート	核酸、非変性Ⅱ型コラーゲン、コンドロイチン、グルコサミン、オメガ3
心臓のサポート	核酸、オメガ3、ミドリイガイ、コエンザイムQ10、タウリン
肝臓のサポート	核酸、BCAA（分岐鎖アミノ酸）
腎臓のサポート	核酸、オメガ、ハトムギ
皮膚炎のサポート	核酸、オメガ3・6、メシマコブ

●1日あたりの摂取カロリー・飲水量の目安

市販のフードを食べなくなった、食いつきが悪くなったなどの理由から手作り食に変更する場合、手作り食に一気に変えないように気をつけながら、肉と魚：野菜：穀類を4：4：2の割合で与え、良質のたんぱく質を少し多めにし、穀類を減らすとよいでしょう。

▶1日の摂取カロリー（kcal）の目安

与える量は、体重1 kgあたり40～45 kcalを目安にし、体重の変動に気をつけます。

▶1日の飲水量（ml）の目安

よく使われる計算式は、体重（kg）×50（ml）です。

※たとえば15 kgの老犬の場合、1日の食事は600～675 kcalくらいにし、与える水の量は750 ml（15×50）ほどになります。飲水量は、食事として取っている水分量は差し引いて、計算するといいでしょう。

イヌの全体重の7割は水分と考えられており、ヒトと同様に水分調整が大切な生き物です。ただ、老犬になると喉の渇きに対する感覚が低下したり、腎機能の低下による多飲多尿のため、水分量が6割以下になってしまうケースがあります。わずか1割の喪失でも、命の危険を招くことがありますので、老犬の体重に応じた「1日に必要な飲水量」は定期的に計算し、しっかりと与えるようにしましょう。

●食事を与えるときの工夫

老犬になると、消化吸収率が低下するため、若いときのように食事で十分な量の栄養をとることが難しくなります。そのため、飼い主の負担にはなりますが、1回に与える食事を少量にし、与える回数を多めにして、体力維持に必要な食事量や栄養をしっかり与えるようにします。また、健康維持に必要な栄養素を与えるため、質のいいドッグフードであったり、手作り食であれば水分を多めにしたり、栄養と水分量をコントロールするなどの工夫をするとよいでしょう。ただし、老犬になると運動量が減り基礎代謝が落ちるため、肥満傾向になる子が多くいます。体重の管理には注意が必要です。

▶食事を食べない場合

飼い主の方から「どれくらい食べなくても平気ですか？」ということをよく聞かれます。若いイヌであれば3～4日は大丈夫かもしれませんが、食事をしない原因がわからない限り、一般的な数字に当てはめるのは危険です。元気だけれど食事をしない、元気もなく食事もしない、病的症状が出ていて食事もしないなど、そのときどきの記録を取るなりして、かかりつけの獣医師に相談してください。

Point 手間暇かけず、作るのも楽しいレシピを紹介

1 作り置きできる老犬用メニュー

●老犬が喜ぶメニュー例

季節の素材を使い、かつ保存がきく水煮を紹介します。このメニューはとくに夏に食欲が落ちやすい老犬のために考えられたものです。

1.材料（18歳ビーグル「まりん」ちゃん8食分）

キュウリ1本／ニンジン1本／
ミニトマト8個／オクラ4本／
カボチャ1/8／キャベツ1/8／シメジ1/2袋／
もやし1/2袋（野菜が高いときのお助け食材）／
木綿豆腐1パック（原材料が大豆＆にがりのもの）／
生姜1かけ（冷房で冷えたお腹を温めるため）／
長芋1/8本（お腹がゆるめなときに加える）

2.水煮の作りかた

上記の食材を食べやすい大きさにカットし、火が通りにくいものから順に鍋に入れ、水で煮ます。カボチャ、ニンジンなどが柔らかく煮えたら完成。

季節に合った旬のものを無理がない範囲で選びましょう。

ドライフードをメインにしたいときは、ドライフードの上にすりおろした山芋とブリを焼いて身をほぐしトッピング。

調理に役立つ豆知識

味つけは必要なし

きのこ類は必ず1種類は入れ、鶏むね肉があれば、それも一緒に煮ます。味つけはせず、鍋で煮るだけでOKです。

便利グッズを活用

圧力鍋や真空保温鍋のようなものを使うと、さらに短時間で楽に作れます。大切なのは継続すること。

咀嚼が難しくなったら

歯が抜けてしまったり、固形物が噛めなくなったら、ブレンダーを使って、スムージー状にします。ドライフードの上にトッピングしてもよいでしょう。

HOW TO

簡単保存食

イヌ用の食事は味つけの必要もなく、素材を煮るだけなので、時間があるときに保存食を作っておくと便利です。飼い主の分も一緒に作ってしまえば、食材を無駄にせず、保存料の心配もありません。

1 野菜スープは、具とスープを分けて保存食に

野菜は2食分ずつ、スープは保存用タッパーに分けて冷凍しておきます。このスープは散歩から帰ったときの水分補給や、食欲がないときにシリンジなどで少しずつ与えられるのでご飯の呼び水にも使えます。

2 魚や肉はお買い得なときにちょっと多めに購入しておく

満足感の高い食材である肉や魚もまとめて処理すると楽です。単品でボイルしたり、スープと一緒に煮込んだりし、フレーク状で冷凍します。ドライフードの上にトッピングしてもよいし、いろいろな使いかたができます。

3 ペースト状の野菜は、薬を飲ませたいときに大活躍

もともと薬が飲むのが苦手なイヌや寝たきりで食べ物が喉を通りにくくなった場合、芋などのペーストと魚のフレークを組み合わせると、機嫌よく食べてくれるかもしれません。ただし、食材と混ぜると成分に影響が出る薬もあるので、獣医師に確認しましょう。

Point 愛犬に食べさせると危険な食材があります

1 知っておきたい要注意食材

●イヌに食べさせてはいけないもの

アレルギー食材はもちろんですが、ヒトと同じような調味料や香辛料を使った食事や甘みのあるお菓子類、油分が多い食材、牛乳製品、一部の野菜など与えてはいけない食材があります。

食べさせてはいけない食材	理由
たまねぎ・ねぎ・にら・にんにく類	「アリルプロピルジスルフィド」という有機硫黄化合物が含まれており、赤血球が壊され貧血を起こす
チョコレート・ココアパウダー等	「テオブロミン」という成分が心臓や中枢系神経を刺激し、血圧上昇。不整脈等の症状が出る
お茶、コーヒーなど カフェインが含まれているもの	カフェインが含まれておりテオブロミンと同様の症状が出る
キシリトール	摂取により「インスリン」が急激に分泌され低血糖になったり肝臓障害を起こす
レーズン・ぶどう	原因物質は不明だが、重度の場合は腎不全などを起こす
生卵の白身	白身に含まれる「アビシン」が水溶性ビタミン「ビオチン」の吸収を妨げ、下痢や皮膚炎を誘発する
アボカド	「ペルジン」という成分が、胃腸の炎症を誘発する
ナッツ（とくにマカデミアナッツ）	原因物質は不明だが、運動失調などの症状がでる
イカ・タコ・エビなどの魚介類	生のイカ・タコに含まれる「チアミナーゼ」という酵素がビタミンB1を破壊する。それにより神経障害を起こすことがある
ニワトリや魚の骨	先が尖っている骨により口の中や食道、胃腸などを傷つける
生肉	寄生虫や細菌感染の恐れ

参考：アニコム損害保険 HP

HOW TO

食べるときの姿勢

鼻面をお皿に突っ込んでガツガツと食べていた愛犬も、年をとると食べるスピードが遅くなり、腰を曲げて食べることが困難になります。年齢に合わせて食事台の高さを調整したり、食べやすいボウルに交換したり、無理のない姿勢で食べられるよう工夫しましょう。

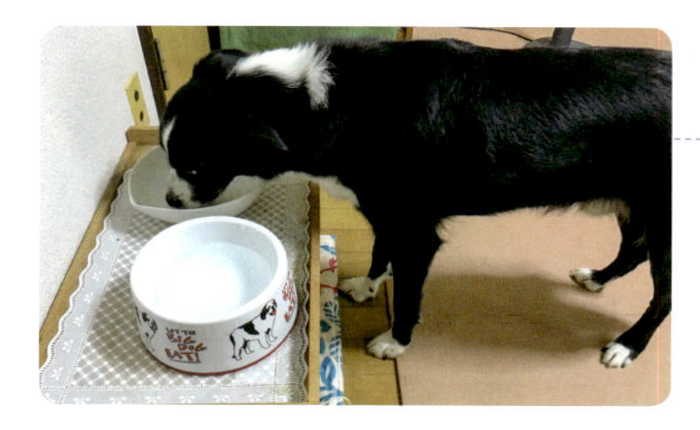

1 普通に立って食べられる間は、机状の食器台を利用する

腰痛などの症状がない老犬は、少し首を下げたくらいの高さの食器台で問題ありません。食べているときの様子をよく観察し、愛犬にとって楽に食べられる高さを見つけてあげましょう。

2 手前に傾斜した食べやすい形のフードボウルを使う

市販されている商品で、前に傾斜したフードボウルと食器台という便利な道具があります。この組み合わせは、年齢に応じて食べやすい高さと角度に変えられる優れものです。耳の長いイヌ向けのスタイルです。

3 立って食べるのがつらい場合、伏せでも食べられるように

このスタイルで気をつけたいのは、食べ物や飲み水を誤飲しないよう目を離さないようにすることです。仔犬のころから好きだった食器を使うなど、食べたい気持ちを後押ししましょう。

体験コラム

最期のごはん

20歳5か月のももは、手作り食をほとんど食べずに過ごしたイヌです。薬を飲むときにサツマイモをふかして団子状にして使ったり、水分摂取がうまくいかないときにヒト用の甘酒（ノンアルコール、添加物が少ないもの）を5倍くらいに薄めて、大さじ2杯を1日2回程度飲ませたりしましたが、食べるものとサプリは、そのときどきお勧めのものを獣医師に選んでもらい、市販品だけで健康管理をした20年5か月でした。そんなももの最期のごはんは、獣医師に食べさせてもらった処方食の「a/d缶」でした。亡くなる前日、元気がないので動物病院に行き、「とっておきの缶詰」ということで自分の掌に乗せ、ももに食べさせてくれたのです。

目先や食感を変えることも必要かなと、初めてジュレタイプのものも買ってみたりしましたが、それっきり固形物を食べることもなく、夜中すぎに飲んだいつもの甘酒が最期の水分になりました。ほかの老犬さんたちも「アイスクリーム」とか「プリン」とか、食感が柔らかくて飲み込みやすいものが最期のひとくちだったようです。

意外だったのはシリンジを使う給仕がとても難しかったこと。「誤嚥（ごえん）」させる可能性もあり、私も最後の最後、甘酒を口に含ませるときに使ったのですが、怖くてすぐにやめ、スプーンで一滴ずつ口に含ませる方法に変えました。

老犬の食欲が落ちたとき、「食べさせる物」をどうすればよいか、獣医師と相談することはあっても「食べさせかた」を相談することはありませんでした。シリンジを上手く使えなかったことから、自分で飲み込むことができなくなったときの対処法を学ぶことも大切だと実感しています。

19歳から亡くなるまでに食べていた食品とサプリメント。

亡くなる前日に買い求めたジュレタイプの食品と処方食。

甘酒や犬ミルクはマグカップで。

老犬と生活環境 編

第2章

老犬だって歯が命

この章では、老犬の健康な生活に欠かせないデンタルケアについてまとめました。口腔トラブルから発症する病気について詳しく解説しています。また、正しい歯磨きの仕方も写真つきで掲載。歯磨きが苦手なシニアもぜひ挑戦してください。

執筆／三浦 貴裕
監修／川野 浩志

Point いつまでも健康でいられる口腔ケアを

2 歯磨きが愛犬を病気から守る

●イヌの歯磨きはなんのため？

若いころは普通だったドライフードをカシカシと気持ちのよい音を立てて食べる愛犬の姿も、シニアになると見ることが少しずつ難しくなり、歯周病などの口腔トラブルが健康状態にも影響を与えるようになってきます。

仔犬のころから歯磨きを習慣にしていれば、老犬になっても口腔ケアは比較的楽にできますが、「歯磨き用のガム」などで済ませていた飼い主にとって、老犬になって気難しくなった愛犬の歯の手入れほど、悩ましいものはありません。この章では、歯磨きの目的と、正しい歯磨きの方法、シニアになってからでもできる歯の手入れ方法について紹介します。

そもそもイヌは虫歯になるのでしょうか？ とても少ない事例ですが、なることがあります。ヒトと比較するとわかりやすいのですが、ヒトの唾液は弱酸性〜中性で唾液中にアミラーゼという消化酵素が存在します。それがでんぷんを分解し、糖を作っています。一方、イヌの唾液は弱アルカリ性で、唾液中のアミラーゼは少なく、糖ができにくいため虫歯にはなりにくいと言われています。しかし、イヌの口の中には、歯周病の原因となる菌が多く存在するため、歯周病にはなりやすいと言えます。そのため日々の歯磨きで歯周病を予防しなければなりません。

ヒトの40〜50歳に相当するイヌの7〜8歳の罹患率はといえば、80%以上ということで、歯周病にかかっていないイヌを見つけるほうが難しい現実があります。

●プラーク（歯垢）は細菌の塊！

歯の表面についているネバネバしたプラーク（歯垢）は、じつは細菌の塊です。このプラークが歯肉の炎症などを引き起こし、歯周病の原因となるので、歯磨きでこれをしっかりと除去してあげましょう。

プラークが除去されず、唾液中のカルシウムによって石灰化されたものが歯石で、そうなってしまったらすでに歯周病になっていると考えてください。イヌのプラークは3〜5日で歯石になると言われており、ヒトが25日というのに対してかなり早いです。そのため歯石除去は治療の一環として、より早期に行いましょう。症状によってはさまざまな処置が必要になります。いったん歯周病になったら完治することはないので、歯磨きによるケアを行いながら、定期的にメンテナンスする必要があります。ちなみに、口臭は歯石がついているからではなく、歯茎に生じた炎症や膿から発生している菌のニオイです。

●歯周病からこんな症状も

イヌの口腔疾患ではなによりも重要なのが、歯周病の対策です。また歯周病は、口腔のみだけでなく全身の疾患にも関与しています。食べるスピードが遅くなった。よだれが増えた。物をくわえるのを嫌がるようになった。あくびをしなくなった。くしゃみ・鼻水がひどい。口臭が強い……このような症状がみられる場合は歯周病が関与している可能性があるので、注意が必要です。

他にも注意をしなくてはいけない疾患があります。歯肉炎から進行して歯周炎を起こし痛みを伴い、重症化すると化膿病巣を作り、場所によりさまざまな症状を起こします。

・口腔鼻腔瘻（こうくうびくうろう）

鼻と口がつながってしまい、くしゃみや鼻水などの症状が続きます。犬歯の前後での歯が原因で生じることが多いです。

・眼窩下膿瘍（がんかかのうよう）

上顎第四前臼歯・第一後臼歯の根尖の化膿病変から生じる眼窩下膿瘍は、眼の下が急に腫れて膿が出てくることがあります。また非常に強い痛みを伴います。

・下顎骨折

歯周病により骨が溶かされ、顎が折れてしまう下顎骨折は、トイ種など小型犬でみられます。歯周病により骨折した顎の骨は癒合することは難しく、顎の切除になることもあります。

●歯が折れてしまったら

原因としては蹄や骨・皮製品、硬い玩具などを咬むことで生じます。折れるのがもっとも多いのはモノを咬む上顎第四前臼歯です。他に下顎第一後臼歯や犬歯でみられることがあり、上顎第四前臼歯で66%、下顎の第一後臼歯5%という報告があります。

割れかたによって予後と治療方法が異なってきますが、歯髄（ヒトの歯医者で言われる神経）が露出しているかによっても治療の選択が変わってきます。露髄を放置していくと口腔内の細菌によって歯髄の感染を起こし、歯髄炎、さらには歯根の感染を起こすことがあります。治療は大きく歯の保存療法と抜歯になります。

折れてしまった歯の処理については、歯髄が露出してしまったときとそうでないときで治療方法が違うので、専門医に相談することが望ましいです。

Point 最後まで自分の歯でしっかり食べさせたい

2 知っておきたい口腔トラブル

●歯を抜くという選択

歯の根っこ周辺まで化膿性の病変が見られた場合など、歯の温存が困難な場合は抜歯を行います。ぐらぐらしている歯であれば、抜歯は比較的楽にできますが、破折歯の処置は大変です。多根歯（根元がわかれている臼歯）であれば専用の器具を使いながら抜歯を行います。

抜歯後は歯肉を用いて抜いた場所をふさぐよう縫合します。「歯を抜いても食事は大丈夫ですか？」という相談を多く受けますが、答えは「Yes」です。抜歯窩は組織で埋められて、土台のようになるので食事は可能です。私の患者でも全抜歯を行った子がいますが、普通に食事をとれています。歯がないのでややフードをこぼすこともありますが、イヌはほぼフードを噛まずに飲み込んでいることも多いため支障はあまりみられません。逆に、痛みを残したままだと食欲や生活レベルの低下につながりますので、残せないと判断した歯は積極的に抜くことをお勧めします。

きれいに磨けていますか？

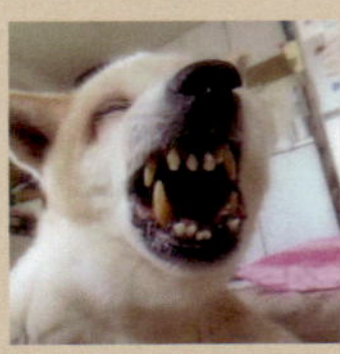

簡単手入れで18年
歯磨きガムとガーゼを使った手入れだけでしたが、歯のトラブルとは無縁でした。

鼻水・くしゃみの連発
春先から鼻水とくしゃみが止まらず、アレルギーを疑い受診したら歯周病の診断。

サプリメントでケア
歯周病菌群の増加抑制を期待して、サプリを食事に混ぜ、食後はシニア用ガムで口腔ケアを実施。2年後の写真。

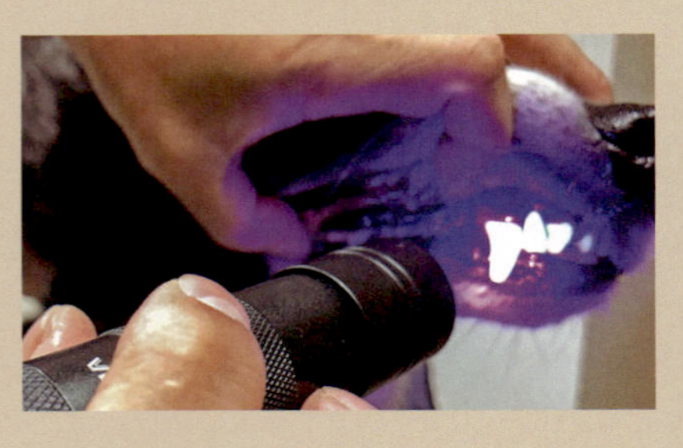

しっかり歯磨きをしているつもりでも、ヒトもイヌも同じで磨き残しがあります。ちゃんと歯が磨けているのか簡単に確認できる方法があるので試してみました。ブラックライトをイヌの目に入らないように口の中に当てると、歯石や磨き残しの部分が朱色になります。うまく手入れできていないと思ったら獣医師に相談してみましょう。

（文・写真 間曽さちこ）

●シニアには多い腫瘍疾患

シニア期になると口腔だけなく腫瘍疾患の割合も増えてきます。口腔内に発生する腫瘍は扁平上皮癌（へんぺいじょうひがん）、線維肉腫、悪性メラノーマ、棘細胞性エプーリスなどがあります。単純に腫瘍だけの切除で済まないことが多いため、より早期の発見と診断・治療が必要です。治療には外科手術以外に放射線治療・局所的な化学療法剤投与などがあります。口の中に発生する腫瘍は日常生活では見つけることが難しく、歯石除去の手術で麻酔をかけたときや診察で口をチェックしたときに見つかることもあります。普段から歯のケアをしておくことで、より早期になにか違いを見つけることができるかもしれません。

●全身性疾患との関連

ヒトでは歯周病と全身性疾患の関連について非常に多くの報告があります。心臓疾患、肝臓病、腎臓病、糖尿病、アルツハイマーなど非常に多くの疾病に歯周病の関与が報告されています。イヌにおいてはまだ報告としては少ないですが、僧帽弁閉鎖不全症、肝臓疾患、糖尿病などとの関与の報告がされています。歯周病の重症度の進行に伴い、全身性の疾患が生じてきますので、ひどくなってからではなく、早期の歯科治療を行う必要があります。

●全身の健康保持のためにも

食べ物をしっかり噛んで食べることは、イヌにとって極めて重要なことで、咀嚼することで、消化もよく栄養もしっかり摂ることができ全身の健康保持に役立ちます。逆に、上手に噛めないと、ストレスを感じるようになります。また、ヒトもそうですが、イヌの歯磨き習慣は歯周病予防だけでなく、たくさんの効果があります。歯磨きを習慣にしておけば、動物病院で受診するとき、口の中を見る検査や診察を嫌がらず、獣医師に口を開けて見せることができますし、それが正しい診査・診断に結びつきます。

仔犬のときに歯磨きを練習し、うまくできたら褒める。褒められることで歯磨きの練習を嫌がらないようになります。嫌がっても根気よく、イヌの健康のためにトレーニングをしてください。

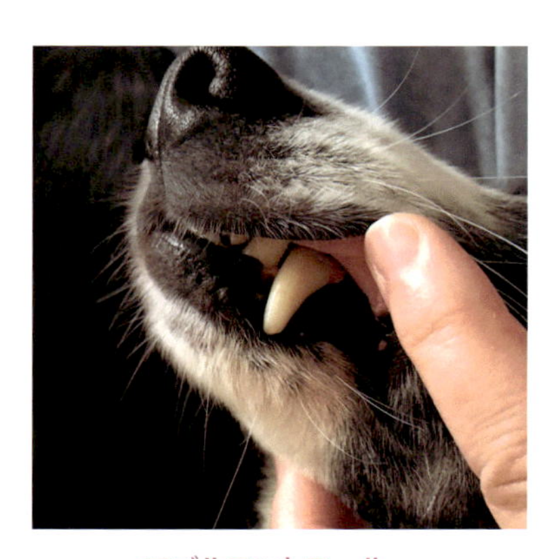

マズルコントロール
最初から口の中を見られるようにするのではなく、くちびるに触れることから始めます。徐々にめくっていくようにステップアップしてください。

HOW TO

歯磨きの前に

イヌもヒトと同じく、歯が生え始めたら歯磨きを始めるのが理想的です。このタイミングで始められなくても、「躾」の一環として、ぜひ行ってください。
シニアになってからでも遅くはありません。諦めず、健康管理のためにも歯を磨きましょう。

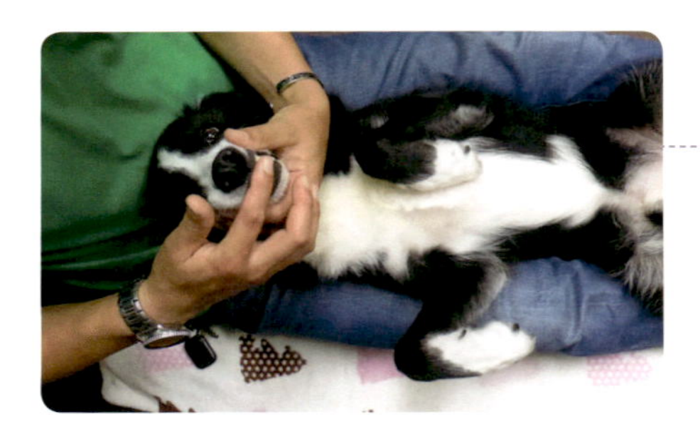

1 口の中を触ることに慣れさせることから

最初は歯に指で触れることから始めます。今まで行っていないことを突然始めるとイヌが驚いてしまうので、指で口唇をめくることから始め、歯肉のマッサージを行います。触れることに慣れてきたらデンタルシートなどで歯を拭くことへ移行します。

2 口のサイズにあった歯ブラシを選ぶ

歯ブラシはイヌの口に入る大きさなら、ヒト用のものでもいいので、使いやすいものを選びましょう。できる限り大きいもの、毛の硬さは柔らかめで、密度が高いものを選びます。使用する際は、水で濡らします。使用後はよく洗って乾燥させておきます。

3 ここまで触れたら楽ちん マズルコントロール

仔犬のころから「マズルコントロール」を実践していると、獣医師による診療もスムーズに行えますし、飼い主によるケアも容易です。イヌの健康管理のために、愛犬のカラダをまんべんなく触っても、嫌がられない信頼関係を築きましょう。

歯磨きの方法

歯磨きはどの程度の頻度で行えばよいのか。もちろん毎日行えれば最良なのですが、イヌもヒトも大変なことは間違いありません。歯垢が歯石にかわる日数が3～5日ということを考えると最低でも4日に1回は行うことをお勧めしています。

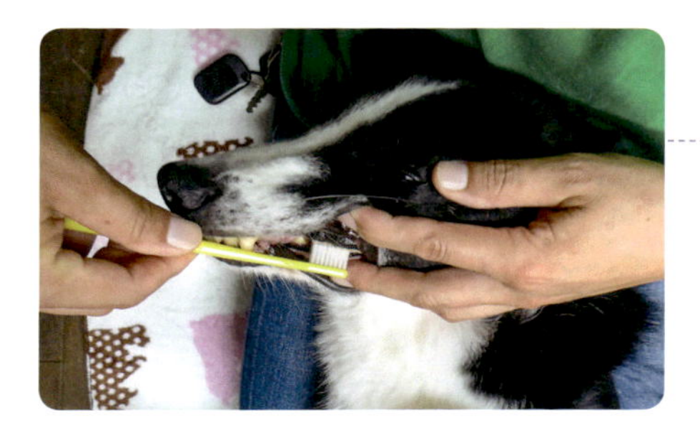

1 歯に直角にブラシを当てる「スクラビング法」

大型犬はしっかり歯ブラシを握り、小型犬はペングリップで、歯に対して直角に歯ブラシを当て、磨くときは力を入れずできる限り小刻みに動かして、歯と歯の間に毛先を押し込むような感じで磨いてください。

2 歯に斜めからブラシを当てる「バス法」

基本的にはスクラビング法と同じ磨きかたですが、歯ブラシをあてる毛先の角度が違います。歯と歯肉（歯茎）の隙間に毛先が入るように45度くらいを目安に歯ブラシを当てて磨きます。

3 手入れの順番は、プラークがつきやすい歯から

上顎第4前臼歯と下顎第1後臼歯のお手入れから始めましょう。この歯がいちばんプラークがつきやすい歯でもあります。この2本の歯は肉を噛み裂くので「裂肉歯（れつにくし）」と呼ばれています。磨くときは非常に優しく実施してください。

Point 歯科専門獣医師に聞く口腔トラブル

2 飼い主が気になる10の質問

Q.そもそもイヌの歯は全部で何本ありますか？

イヌの歯にも乳歯と永久歯があり、乳歯は生後3週間前後から生え始め、約2か月で28本、生え揃います。永久歯は生後4か月過ぎから生え始め、通常、6～7か月ごろに42本の永久歯に変わります。上の歯が切歯6本、犬歯2本、前臼歯8本、後臼歯4本、下の歯が切歯6本、犬歯2本、前臼歯8本、後臼歯6本です。歯が生え変わるころ、歯がゆいのか、いろいろなものを噛んだりしますが、堅すぎない素材の安全なおもちゃなどで、気分転換をさせましょう。気をつけたいのは、堅すぎるおもちゃや食べ物です。万が一、歯が欠けてしまった場合、口腔内のトラブルになる前に獣医師に見せましょう。

Q.イヌの歯が茶色く（黄色く）なっていますが、どうしたらいいですか？

歯の色が変色してしまうイヌは、歯に歯垢や歯石がついてしまっている場合があります。歯垢や歯石は歯周病の原因となり、放っておくと歯周病が進行して、歯が抜け落ちてしまうこともあります。つらい歯周病になってしまう前に、必要な処置やデンタルケアをスタートしてあげることをお勧めします。

Q.イヌの歯がぐらぐらしていますが、抜いたほうがいいですか？

歯のぐらつき具合によっては、歯を抜かなければならない場合があります。その周囲の歯周病のひどさにもよりますが、歯を抜かなくても維持ができる可能性のある方法（歯周組織再生治療）もあります。一度、獣医師の診察をうけられることをお勧めします。

Q.歯磨き粉はヒトと同じものを使っても大丈夫ですか？

ヒト用の歯磨き粉は泡立ってしまうこと以外に、キシリトールが入っていることが多いです。イヌはキシリトールで中毒を起こすことがありますので、動物用のものを使用するようにしましょう。

Q.イヌ用の歯磨き粉って泡立たないんですか？

ヒト用の歯磨き粉に入っている界面活性剤がイヌ用のものには入っていないので、泡立ちません。イヌの歯磨きの場合は口をゆすがないので泡立たないものになっています。

Q. 歯磨きで歯石は取れますか？

難しいです。歯石はかなり強固に歯についてしまうため、超音波スケーラーなどで除去する必要があります。ついてしまった場合は麻酔をかけての歯石除去をお勧めしています。一度、獣医師にご相談ください。

Q. 歯茎から血がでるのですが、なにか病気ですか？

歯周病の可能性があります。歯茎自体が歯周病菌の影響で弱ったり、炎症を起こして赤くなったり、ひどいと出血します。さらに放っておくと歯の根元にある顎の骨を溶かしたり歯が抜けてしまうこともあります。早めに獣医師にご相談ください。

Q. 口腔ケア用の食べ物ってありますか？

ドライフードはカリカリ噛むことで歯垢を落とし、缶詰フードは歯垢をためやすいというイメージがありますが、ある調査では、普通のドライフードでは歯周病予防効果は証明できなかったという報告があります。食べることで予防効果があるのは、歯垢や歯石除去効果や歯垢がつきにくいように成分や構造を工夫した特殊なドライフードです。

Q. デンタルガムを選ぶときは、どんなところを気にすればいいですか？

硬すぎるものでは奥歯をすり減らしてしまったり、歯を折ってしまうこともあります。おやつ感覚のガムではなく、デンタルケア用のもので、硬さも年齢に見合ったものを選んであげましょう。また、歯磨きができない状態では、入門編として、ある程度の効果が見込めると思います。ただし、ガムを噛むのに使うのは奥歯が多いはずですから、それ以外の歯への効果は高くないかもしれません。

Q. どうしても歯磨きをさせてくれません。解決策はありますか？

徐々に時間をかけて慣らしていきましょう。最初は唇を触ることから、次に口の中を触るといった感じで進めてみるとよいかもしれません。不安があるときは病院で獣医師や看護師と一緒に練習していくのもいいかもしれません。

体験コラム

歯石取り

9歳を越えたボーダーコリーの里親になったとき、まず行ったのは歯のお手入れでした。動物園でディスクドッグとして仕事をしていたイヌだったので、家庭犬同様の丁寧なケアを受けるのは難しかっただろうと想定し、獣医師に歯の手入れについて相談し、検査を受けることにしました。

検査で判明したのは、歯が欠けていたり抜けていたり小さかったり。心臓のほうも競技をしていたイヌには多くみられる「スポーツ心臓」だったこと。この子のためにはなにがベストかを真剣に考え、シニアとは言え、まだ若いので自分の歯で最後まで食事できるよう、ラストチャンスかもしれない9歳9か月での手術に踏み切りました。

手術前日の夜9時以降は絶食。翌日の朝は水も飲んではいけません。これはヒトの手術と同じで、麻酔前後のおう吐による事故を防ぐためです。いちばん飼い主を緊張させたのは、動物病院から渡された同意書に「手術の大小にかかわらず（歯石取りも含む）、術後血栓による脳神経障害、呼吸障害、急性腎不全などの報告があります……」とあったこと。もちろん頭では十分理解できるのですが、心情として、歯石取りと命のどちらかを選べと言われたら悩んでしまうだろうなと。

結果としては、とてもきれいにしていただき、術後は毎食後の歯磨きを欠かさず、手入れをしています。

今回手術後に思ったことは、うちのイヌは「口の中に手を入れられても、人に触られても嫌がらないトレーニングを受けていた」ため、健康管理がしやすいこと。歯ブラシに対しても、飼い主の目を見ながらブラッシングさせてくれますし、歯茎のマッサージも全然嫌がりません。医療関係のケアがとても楽に行えるのです。20歳で亡くなった柴犬は、私が触る分には大丈夫でしたが、獣医師には口の中を触らせないままの20年でした。仔犬のころからちゃんとトレーニングをしていたら、晩年、歯周病で投薬治療を受けずに済んだかもしれないと思うと、悔いが残ります。

前項でトレーニングの一環として歯のお手入れをと先生もおっしゃっていますが、医療従事者に触られても嫌がらないトレーニングが仔犬のころからできていれば、歯のお手入れなんて楽チンです。

イヌも歯が命、イヌこそ歯が命かもしれません。

老犬と生活環境 編

第3章

老化に伴う心と行動の変化

この章では、犬種による寿命や、老化による変化、イヌの認知症についてまとめました。合計点数で老化の診断ができるチェックリストもあります。老化か病気か？ 愛犬の変化が気になる方はお試しください。

監修／茂木 千恵

Point 犬種の違い？サイズの違い？老化もさまざま

3 イヌの平均寿命と認知症

●体のサイズと老化のスピード、それから寿命

たとえば、階段を登るのを嫌がるようになったとか、食事をするスピードが遅くなったとか、あるいはヒゲの色が白くなったとか、飼い主が愛犬の老化を感じるのはどんなときでしょうか？

一般的には、小型～中型犬は8歳でシニアの仲間入りをし、11歳になると高齢期、大型犬なら6歳でシニア、8歳で高齢期を迎えると言われています。くわえて最近ではイヌの体格の違いが老化のスピードに関連していることが明らかになりました。2013年に北米で行われた大規模調査の結果では、①体重が大きいイヌのほうがより早く老化が進む、②老化の始まりはイヌの体格に関係しない、つまり犬種よりはむしろ個体の体重によって老化の進行が異なる、という新たな知見が示されました。

イヌの保険を扱うアニコム損害保険と東京大学が共同で行った調査（2016年）では、イヌの平均寿命は13.7歳。平均寿命が長い順に、体重5～10kgの小型犬が14.2

▼犬種別平均寿命

	犬種	平均寿命	体格
1位	イタリアン・グレーハウンド	15.1	小型
2位	ミニチュア・ダックスフンド	14.7	小型
	プードル・トイ	14.7	超小型
4位	柴犬	14.5	中型
5位	パピヨン	14.4	小型
6位	ジャック・ラッセル・テリア	14.3	小型
	MIX犬（10kg未満）	14.3	小型
8位	ウエスト・ハイランド・ホワイト・テリア	14.2	小型
9位	カニーンヘン・ダックスフンド	14.0	小型
10位	MIX犬（10kg以上20kg未満）	13.9	中型
11位	ヨークシャー・テリア	13.8	超小型
12位	チワワ	13.7	超小型
13位	シー・ズー	13.6	小型
	ミニチュア・ピンシャー	13.6	小型
15位	ポメラニアン	13.4	超小型

アニコム損害保険 2016年調査より抜粋

歳、体重5kg以下が13.8歳、10～20kgの中型犬が13.6歳、20～40kgの大型犬が12.5歳、40kg以上の超大型犬が10.6歳という結果でした。

イヌは体サイズにかかわらず、心臓の大きさはほとんど変わらないため、体が大きい個体ほど心臓に負担がかかり、命にかかわる病気にかかりやすく寿命も短くなる傾向にあると考えられます。ただし、ギネス記録をひも解くと、1位のラブラドール・レトリバーは29歳193日とありますので、適度な運動と健康管理によって、一般的な寿命を軽々と乗り越えられるのかもしれません。

●イヌの認知症

獣医学の進歩により、ペットの高齢化が進み、イヌにも認知症と呼ばれる症状があると認識されたのは今から20年ほど前でしょうか。それから研究も進み、最近では、認知症の発生率が10～12歳で5%、12～14歳で23.3%、14歳以上のイヌでは41%にのぼるという報告もあります。認知症にかかりやすい犬種は小型犬とされていますが、体重との関連は確認されていません。しかし、興味深いデータとして、未去勢のオスにくらべてメスと去勢オスのほうが認知症にかかりやすいという報告がされています。

具体的に「イヌの認知症」がどういった症状かと言うと、昼夜逆転、夜鳴き、異常な食欲、徘徊など、ヒトのそれと同じような症状が見られます。イヌの認知症の診断方法としては動物エムイーリサーチセンターの内野富弥氏により1997年に作られた「犬痴呆の診断基準100点法」(p.34参照)が一般の方にも一次診断の参考になる内容となっています。加齢に伴って、ヒトと同じように内科疾患や外科疾患を発症し、そのために痛みがある場合、認知症と同じように、おちつきがなくなったり、いらついたり、神経質になったりするので、認知障害による行動変化との見分けは難しいと思われます。たとえば夜間眠らないのは、感覚神経機能不全や疼痛、多尿、高血圧を伴う内科疾患からによるもの、あるいは日中留守番などで寝て過ごすことが多いなど、飼い主がいる夜間に活動的になることがあるためです。

▼犬種別(大きさ別)1年間にかけた費用(単位:円)

	超小型犬 5kg未満	小型犬 5～10kg	中型犬 10～20kg	大型犬 20kg以上
病気やケガの治療費	51,526	75,622	66,285	85,879
ペット保険料	40,183	46,418	50,981	59,839
ワクチン・健康診断等の予防	27,355	31,210	34,279	44,187
サプリメント	15,694	24,911	34,078	23,311
平均年齢	5.0	6.2	6.0	5.8

アニコム損害保険2017年調査より抜粋

Point その症状は老化のサイン？ それとも病気？

3 老化に伴う気になるサイン

老犬と暮らしていると、急に階段が登れなくなった、おしっこがトイレシートまで間に合わない、夜眠らなくなったなどなど、気になることばかり。それが老化なのか病気なのか？考えられる病名をまとめました。

歩幅が狭くなる

考えられる病名

・関節炎

関節の痛みが出てくると前肢に体重をかけ、後肢にかかる体重が減り、腰周りの筋肉量が減ります。そのため、後肢のつま先間の間隔が前肢間より狭くなり、狭い歩幅で小刻みに歩くようになります。

散歩で立ち止まる

考えられる病名

・関節炎

後肢や腰に痛みがあると、腰が丸みを帯びてきます。また長距離を歩けなくなり、オス犬の片足挙上排尿時にもふらつきが見られます。

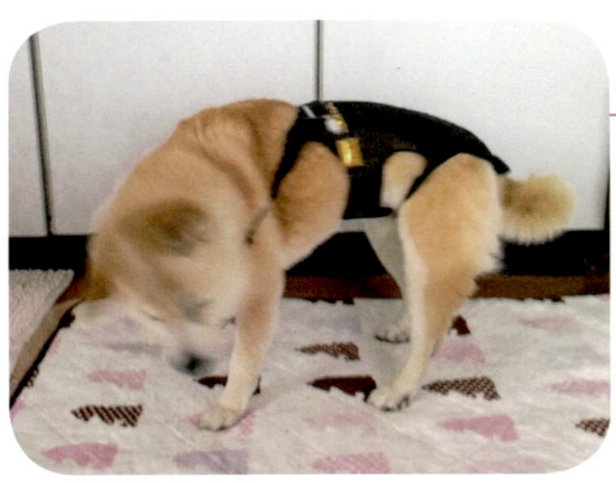

散歩中に立ち止まり、頭が下がる

考えられる病名

・弁膜症、心臓肥大、心筋症

心臓の動きが鈍くなって血液循環機能が低下することで、運動機能が落ち、立ち止まったりすぐに息が上がってしまったり。早めにエコーなどで心臓の検査をしましょう。

迷ったらすぐ病院へ

心臓病や関節炎など、イヌも年を重ねるとヒトと同じような病気になります。気になる症状があれば、動画などで保存し、早めに獣医師に相談するとよいでしょう。

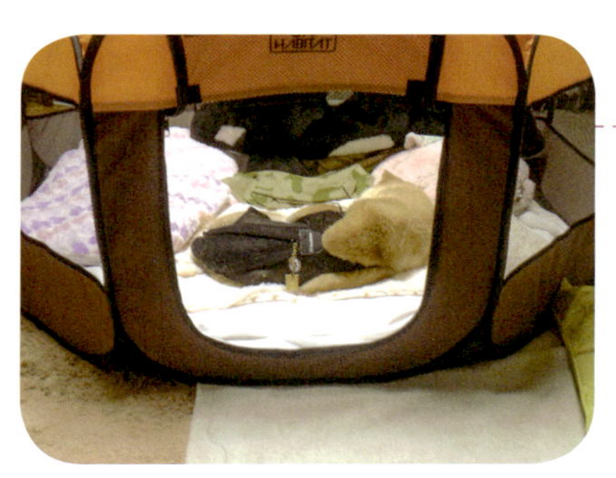

遊びが減る

考えられる病名

・白内障、関節炎、認知障害

ボール投げ、追いかけっこなど、遊び始めてもすぐに止めてしまったり、おもちゃを抱え込んで持ってこなかったり反応が薄くなります。視力障害や、体の痛みが原因となっている可能性があります。

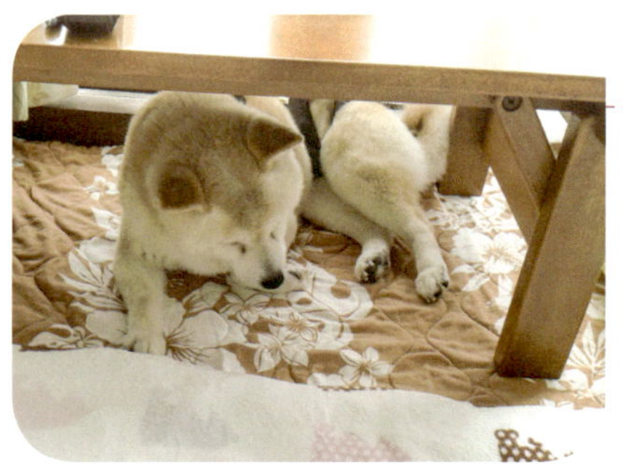

名前を呼んでも反応しない

考えられる病名

・聴覚障害、関節炎、認知障害

耳が聞こえにくくなり音が聞き取りにくい。聞こえていても体が痛くて動かせない。飼い主への興味を失っている……などの理由で反応が薄くなります。ただ、認知障害と考える前に他の要因も検討しましょう。

姿勢を変えるのに時間がかかる

考えられる病名

・関節炎

座るとき、立つとき、ふらついたり時間がかかったりするようになります。起きてすぐの散歩は痛みが発生しやすいので、屋内でウォームアップしてから出かけましょう。

Point 合計点数で老化の診断ができます

3 内野式痴ほう症チェックリスト

1 食欲・下痢	点数	✓
(1) 正常	1	□
(2) 異常に食べるが、下痢もする	2	□
(3) 異常に食べて、下痢をしたり、しなかったり	5	□
(4) 異常に食べるが、ほとんど下痢をしない	7	□
(5) 異常に何を食べても下痢をしない	9	□
2 生活リズム	**点数**	**✓**
(1) 正常(昼は起きていて、夜は眠る)	1	□
(2) 昼の動きが少なくなり、夜も昼も眠る	2	□
(3) 夜も昼も眠っていることが多くなった	3	□
(4) 昼の食餌時間以外は、死んだように眠り、夜中から明け方に突然動き回る。飼い主による制止がある程度は可能	4	□
(5) 上記の状態を制止することが不可能な状態	5	□
3 後退行動(方向転換)	**点数**	**✓**
(1) 正常	1	□
(2) 狭いところに入りたがり、進めなくなると後退する	3	□
(3) 狭いところに入ると、まったく後退できない	6	□
(4) (3)の状態で、部屋の直角コーナーでの転換は可能	10	□
(5) (4)の状態で、部屋の直角コーナーでも転換できない	15	□
4 歩行状態	**点数**	**✓**
(1) 正常	1	□
(2) 一定方向にフラフラ歩き、不正運動になる	3	□
(3) 一定方向にのみ、フラフラ歩き(大円運動)歩きになる	5	□
(4) 旋回運動(小円運動)をする	7	□
(5) 自分中心の旋回運動になる	9	□
5 排泄状態	**点数**	**✓**
(1) 正常	1	□
(2) 排泄場所をときどき間違える	2	□
(3) 所かまわず排泄する	3	□
(4) 失禁する	4	□
(5) 寝ていても排泄してしまう(垂れ流し状態)	5	□

[判定基準]

認知症の特徴的な変化や症状、行動の点数配分を高くしており、
老犬30点以下、痴ほう予備犬31～49点、痴ほう犬50点以上とされています。

6　感覚器異常	点数	✓
（1）　正常	1	□
（2）　視力が低下し、耳も遠くなっている	2	□
（3）　視力、聴力が明らかに低下し、何にでも鼻を近づける	3	□
（4）　聴力がほとんど消失し、臭いを異常にかつ頻繁に嗅ぐ	4	□
（5）　臭覚のみが異常に過敏になっている	6	□

7　姿勢	点数	✓
（1）　正常（昼は起きていて、夜は眠る）	1	□
（2）　尾と頭部が下がっているが、ほぼ正常な起立姿勢をとれる	2	□
（3）　尾と頭部が下り、起立姿勢をとれるが、アンバランスでフラフラする	3	□
（4）　持続的にボーッと起立していることがある	5	□
（5）　異常な姿勢で寝ていることがある	7	□

8　鳴き声	点数	✓
（1）　正常	1	□
（2）　鳴き声が単調になる	3	□
（3）　鳴き声が単調で、大きな声を出す	7	□
（4）　真夜中から明け方の決まった時間に突然鳴き出すが、ある程度制止は可能	8	□
（5）　（4）と同様であたかも何かがいるように鳴き出し、全く制止できない	17	□

9　感情表	点数	✓
（1）　正常	1	□
（2）　他人および動物に対して、何となく反応が鈍い	3	□
（3）　他人および動物に対して、反応しない	5	□
（4）　（3）の状態で飼い主にのみにかろうじて反応を示す	10	□
（5）　（3）の状態で飼い主にも全く反応がない	15	□

10　取得行動	点数	✓
（1）　正常	1	□
（2）　学習した行動あるいは習慣的行動が一過性に消失する	3	□
（3）　学習した行動あるいは習慣的行動が部分的に持続消失している	6	□
（4）　学習した行動あるいは習慣的行動がほとんど消失している	10	□
（5）　学習した行動あるいは習慣的行動がすべて消失している	12	□

体験コラム

介護の悩み

100匹のイヌがいれば100通りの暮らしがあり、老犬であれば100通りの治療であったり、介護があります。もちろんそれを支える飼い主のライフスタイルも大きく影響し、少なからずみなさんも悩んでいます。

老犬介護について、最近少しだけ市民権を得たような実感がありますが、ヒトの介護のそれに比べ公的な位置づけも低く、「なに言ってるの？」と呆れられる場面も少なくありません。そんなとき、支えとなってくれるのが「老犬介護」を日常的に見知っている獣医師や動物病院のスタッフ、実際に老犬介護を経験された方々です。

友人たちの前では「ぜ〜んぜん大丈夫」と作り笑いをしても、本当は泣きたいくらい疲れているときに、本音を話せる相手がいるのは心強いもので、私も心の叫びをたくさん聞いてもらいました。今でも忘れられないのは、トイレの失敗が多くなった20歳の秋の日、夜中2時間おきにトイレに起こされるのが辛くなり、獣医師に「オムツしてみようと思うのですが……」と話したら、「いいよ、いいよ。飼い主の健康もね、大事だよ」と笑顔で「肯定」してくれたこと。

「…しなければならない」「…しちゃいけない」といかに自分がメンツこだわり、そして疲れ果てていたか。たった十数秒のやりとりに、泣いてしまいそうでした。

同じように、たぶんみなさん、これがいちばん悩みの種だと思いますが、毎晩、部屋の中を徘徊したり旋回したり、泣き叫んだりする愛犬のそばで、眠らずに過ごす毎日に疲弊し、時折愛犬に対して冷たい態度をとってしまう自分自身に嫌悪を感じてしまうこと。でも安定剤なんて……と。

今回、この本の企画の段階で、まず茂木先生に伺ったのは安定剤の服用についてでした。先生によると「愛犬に安定剤や睡眠導入剤を服用させ、夜にちゃんと寝るようなリズムを作り出すことができると、介護する家族の生活の質の向上になり、使用をためらう理由はありません。他にも鎮静作用のあるロラゼパム、クロナゼパムなどベンゾジアゼピン系薬、抗不安効果のあるブスピロンやフルオキセチンなどの非ベンゾジアゼピン系薬も夜間の不安を軽減することができ、イヌの正常な睡眠起床周期を回復させることが期待できます。介護をする上で不可欠なのは、飼い主の健全な心とカラダです。認知症の症状で悩んだら、どのような症状が出ているか、携帯の動画で撮影したり、気づきをメモしたりして、獣医師に相談してください」とのこと。

飼い主が辛いことが、老犬にとっていちばん耐えがたいことかもしれません。明るい老犬介護を目指すため、お互い少しでも楽になる方法が見つかりますように。

老犬と生活環境 編

第4章

自宅で身につける日常習慣

この章では、老犬になったとき、イヌも家族も快適に過ごせるようトレーニングしておきたいことをまとめました。老犬になってからでも、飼い主とともに楽しくトレーニングできるポイントを解説しています。ぜひお試しください。

執筆／堀井 隆行

Point 元気な老犬になるために飼い主ができること

4 老後に備えた日常習慣

●イヌの老後のために

シニア期に入るとトレーニングはできないと思い込んでいる飼い主も多いと思います。しかし、歳をとっても学習能力は維持されているので、認知機能に障害がなければ可能です。もちろん、仔犬のころから取り組むほうが学習のスピードも速く、効果的であることは間違いないので、できるだけ若いうちからトレーニングすることをお勧めしますが、愛犬が歳をとったからと諦める必要はありません。そこで、本章では加齢が進み、心身の衰えが顕著になる前に、老後に備えて取り組んでおきたい日常習慣について紹介します。

▼しつけ経験の有無（複数回答可）

	しつけの経験	回答数
1位	インターネットなどで情報を調べたことがある	42.1%
2位	本や雑誌を購入したことがある	22.7%
3位	トレーナーなどに直接習ったことがある	17.7%
4位	しつけをしたことがない	6.8%
5位	その他	6.2%
6位	グッズを購入した（無駄吠え防止・引っ張り防止グッズなど）	4.6%

出典：アイリスオーヤマ「犬の国勢調査 2018」より抜粋

●日常の食事習慣について

シニア期に入っても心身が健康なイヌは食欲が旺盛です。「食事を与えたときに食べないから毎日置いておく」、「食事を食べてくれないから手であげている」、「食事を食べてくれないから色々とトッピングをしたり、食事の種類を変えたりしている」と話す飼い主によく遭遇しますが、病気を原因として食欲が落ちている場合などの特別な事情を除いて、その心遣いが愛犬の「食べない原因」となっている可能性が高いです。愛犬が健康なうちに、食事のサイクルを整え、健全な食欲を引き出すためにも、心を鬼にして「与えた食事を与えたタイミングで食べなければ食べさせない」ということを飼い主が徹底してください。基本的に数日以内に食べるようになります。また、一度に与える量を少なめにすると食べ始めることもあります。

健全な食欲を保つことは、健康維持だけでなく、トレーニングの効果も高めてくれるので、正しい食事習慣を身につけさせましょう。

●休息場所の選びかた

イヌの寝床は目隠しがあって、体位が変えられる程度の広さがあれば十分ですが、それはイヌの行動範囲が狭くてよいという意味ではありません。サークルなどを使って、イヌの生活空間を区切っている場合、柴犬程度までの小型犬で約120×120㎝程度の広さは確保してください。また、チワワなどの超小型犬の場合、1日の大半を抱いて過ごしている飼い主もいますが、抱き過ぎていると休息の質が下がるので、ご注意ください。

△やや窮屈

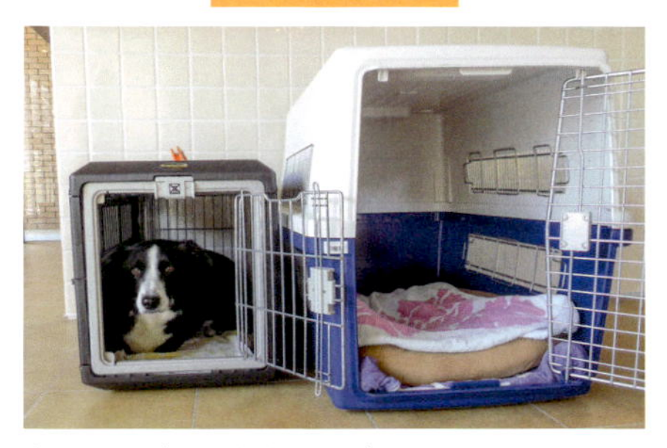

左のケージは、本体サイズ40.3×68.6×47.8cm。体重18kgのボーダーコリーには少し窮屈です。車などでの移動には、このサイズが丁度いいかもしれません。

○適正なサイズ

右のケージは、本体サイズ62×87×65.5cm。中で方向転換もできるサイズです。このくらいのサイズ感が休息場所としては、適当であろうと思います。

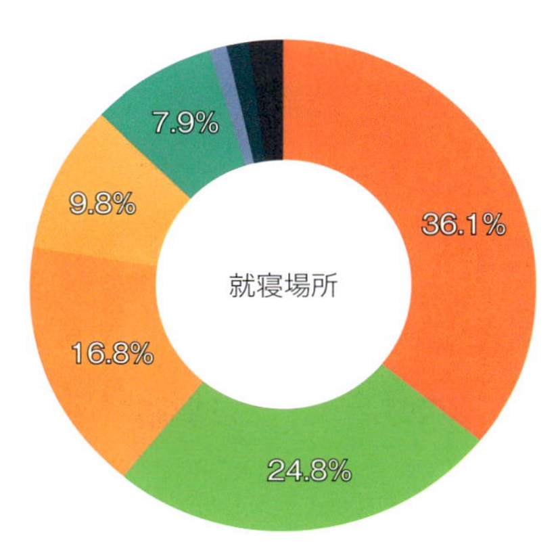

愛犬の就寝場所
（出典:アニコム損害保険2010年調査）

- **飼い主と同じ布団、ベッド（36.1%）**
- 別の部屋のケージ（24.8%）
- **飼い主と同じ部屋の愛犬の好きな場所（16.8%）**
- **飼い主と同じ部屋のケージの中（9.8%）**
- 別の部屋で愛犬の好きな場所（7.9%）

「同じ部屋」が全体の6割を超える結果となりました。同時に行われた眠る時間についての調査では「飼い主とほぼ同じ時間に寝る」と答えた1,889人のうち、1,316人（33.0%）が「ほぼ同じ時間に起きる」と回答。同じ部屋で、同じ時間に就寝している家庭が多いことがわかります。

memo

24時間いつも一緒にはいられないので、イヌが自分の休息場所で、ひとりで過ごすことができるよう習慣づけすることも大切です。ケージやクレートで落ち着いて過ごすことができれば、災害時や病院、ペットホテルを利用するときも安心です。

HOW TO

休息場所づくり

イヌが安心できる休息場所を作ります。飼い主が与えるのではなく、イヌが自ら選ぶことが重要です。飼い主がふと愛犬を見ると、いつもそこに入って熟睡している寝床があることが理想です。

1 寝床として選びやすい場所と選びにくい場所がある

寝床とする場所は、①家族が集まる部屋の中、②部屋の隅、③窓や扉など屋外との境界から離れている、④人の動線から離れている、⑤静かな場所、⑥換気と温度調節がしやすい場所を選びます。

2 寝床の種類として選びやすいものを準備する

フカフカで気持ちがよく、入口以外は目隠しになっているものが理想的で、クレートであれば、中にクッション性の高いマットなどを敷き、入口以外をタオルなどで目隠しするとよいでしょう。

3 近い将来の介護に備えるなら、ヒトがケアしやすいものを

ずれにくい広めのサークルの中に、介護用マットを敷いて、タオルなどで適度に周囲の目隠しをしてあげるのもよいでしょう。

休息場所を選ばせる

日常的にクレートを使っている場合、お気に入りの寝床を動物病院などに連れていくためのキャリーケースとしても使えます。緊張や不安を感じる場面に、お気に入りの寝床を持っていけることは受けるストレスの緩和にもなります。

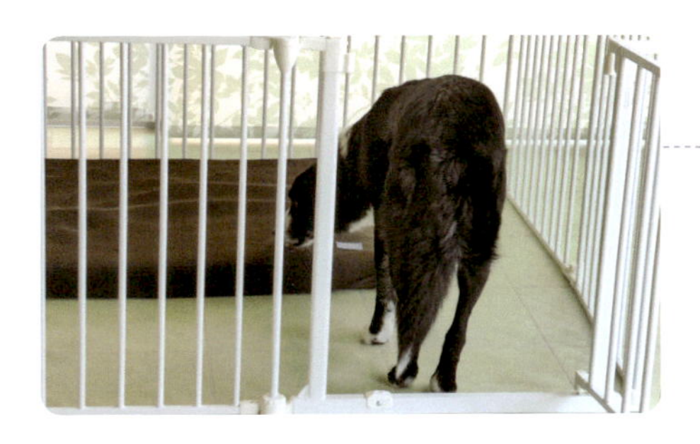

1 自発的に休息場所に入るような仕掛けをする

嗜好性の高いフード（チーズなど）を5mm程度の小粒に切り分け、寝床に20～30粒程度ばら撒きます。イヌ自身が寝床に入っているフードに気付き、自分の意思で中に入り、楽しくフードを探しながら食べることが重要です。

2 1日に2～3回程度、仕掛けをする

イヌが頻繁に寝床に出入りし、お気に入りのおもちゃを持って入ったり、気付けば中で寝ていたりするようになるまで繰り返します。特別な理由がない限りは、数日から1週間以内にお気に入りの寝床として使うようになります。

3 お気に入りの場所になったら扉を閉めてみる

扉を閉めるとき、扉越しにフードが食べられるようにします。「扉が開くと食べられず、閉めると食べられる」ことをイヌに経験させます。最後にイヌが自らクレート内に入り扉が閉まるのを待つようになったら扉を完全に閉めてからフードを食べさせます。

Point うまく歩けなくなったときに困らないように

4 失敗しないためのトイレ習慣

●トイレは屋外？室内？

室内トイレの習慣ができているイヌは、いつでも排泄ができるため問題ありませんが、屋外での排泄習慣ができているイヌの場合、室内での排泄を極力我慢してしまいます。これは、イヌも自分の生活空間を排泄物で汚したくない生き物だからです。愛犬が若いうちは、なにも問題はありませんが、加齢により長時間排泄を我慢することが難しくなり、足腰が衰えてくると、散歩に連れ出すことも難しい……そのような場合、屋外での排泄習慣から室内でペットシーツを使って排泄するよう切り替えることが必要になります。とはいえ、排泄習慣は急に簡単に切り替えられるものではありませんので、シニア期に入ったころから取り組んでおくとよいでしょう。

イヌが散歩中に草むらや電信柱の臭いを嗅いで自由に排泄をしている場合、生理的排泄とマーキングが混在しています。身についている排泄習慣を変えていくためには、飼い主がイヌの排泄のタイミングや場所に介入して、コントロールしましょう。

まずは、自宅近くの決まった場所で排泄をさせてから本格的な散歩に行きます。自宅の敷地内に排泄場所があるとよいのですが、なければ自宅に近い場所で尿の臭いをつけたり、よく排泄をする場所の土を乗せたりして、大きめのペットシーツを置いて排泄をさせます。人工芝を用いることも有効です。定めた場所で排泄をしたら、嗜好性の高いフードを与え、よくほめてから散歩に行きます。

スムーズに所定の場所で排泄ができるようになったら、「ワン・ツー」などの声をかけながら排泄させ、フードを与えるようにします。そうすると、次第に「ワン・ツー」の合図で排泄をしてくれるようになります。

●失敗しても叱らない

失敗しても、絶対に叱らないでください。イヌは「トイレ以外の場所で排泄したから叱られたのだ」とは理解できないからです。叱ると、①人の前で排泄をすることを避け、見えない場所で排泄をするようになる、②同じ場所で何度も失敗するようになる、のどちらかの方向に向かいます。

①の場合は叱られたことが怖かった場合、②の場合は叱られたことを「かまってもらった」と認識した場合です。つまり、排泄の失敗を叱ると悪循環が起こるということになりますので気をつけましょう。

HOW TO

室内トイレの作りかた

所定の場所で合図をすれば排泄ができるようになったら、いよいよ室内に排泄場所を切り替えていきます。トイレの場所は、イヌが寝食をする場所から極力離し、落ち着いて排泄できる場所を選んでください。

1 女の子はしゃがんで、男の子は足を上げて

男の子の室内トイレとして、部屋の中に電柱に見立てたものにトイレシートを巻いてみたりしましたが、最近は写真のようなL字型の移動も可能なトイレがあります。

2 トイレの周囲を柵で囲ったり、短めのリードをつけたり

最初は、イヌの行動範囲を制限したほうが排泄習慣が身につきやすいです。さらに排泄したら嗜好性の高いフードを与え、よく褒めます。室内でなかなかしてくれない場合は、玄関など屋外の近い場所から試してみましょう。

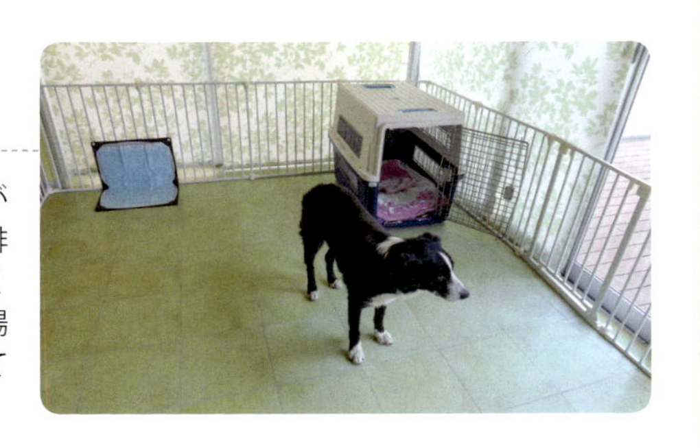

3 改善できない場合は、便利グッズを活用しよう

どうしてもおしっこをするときに足をあげてしまうオスのために考えられた「オシッコボール」というグッズがあります。メッシュタイプのトイレと組み合わせて使います。

Point イヌと飼い主が一緒に学ぶための工夫

4 よりよいケアのために苦手克服

●苦手をなくそう

イヌにとって苦手な刺激は、「ストレス」になります。シニア期に入ったイヌに強いストレスがかかることは、心身の衰えを促進する要因にもなります。臆病な性格から全般的に緊張や不安・恐怖などを感じやすいイヌの場合、あるいは気象関係の避けがたい刺激（雷、強風など）が苦手なイヌの場合、「安心できる休息場所」である程度緩和することが可能です。また、避けられるものであれば、遭遇を避けることも1つの方法でしょう。しかし、ブラッシングやシャンプー、爪切りなどの日常ケア、動物病院での診療など、シニア期に入っても欠かせないものが苦手な場合は、できるだけ早期に慣れさせておいてあげることが重要です。介護が必要になって、スムーズにケアや診療を受入れてくれることは、さまざまな手入れを丁寧にでき、健康管理の上でとても大切なことです。

ただし、苦手の度合いによっては専門家に依頼し、行動カウンセリングを受けることをお勧めします。

●苦手を克服させるには

苦手なものに慣れさせるには、共通の方法があります。

①どの程度の刺激で反応するか確認する
②弱い刺激から慣れさせ始める
③慣れさせるためには「刺激を与えた直後にフードを与える」の順番を守る
④フードは見せびらかさない
⑤弱い刺激を気にしなくなったら、刺激を段階的に強めていく
⑥刺激を強めるときはイヌの反応をよく見て嫌がらない状態を保つ
⑦慣れさせている途中でイヌからの積極的な接近が見られたら受入れる（フードを与えて、よくほめる）、の7項目です。

このうち、③と④ができていないと学習効果が格段に下がります。また、「刺激の強弱」を考えることがもっとも難しいことです。

たとえば、ドライヤーの刺激は「見た目（視覚刺激）」、「音（聴覚刺激）」、「風が身体に当たる感触（触覚刺激）」の3種類です。このうち、消すことができるのは「風と音」ですから、「見た目」が単独で残る刺激となり、3種類のうち一番弱い刺激となります。次に「音」だけを消すことはできないので、「見た目と音の組合せ（風をイヌに当てない）」が次に弱い刺激になります。

最後は3種類すべてが揃った状態です。そして、個々の刺激について強弱を考えると、「見た目」は遠いと弱く、近いと強くなります。「音」は、まずは「モード」によって音（風量）の強弱を選べますが、微調整は距離（遠いと弱く、近いと強い）になります。そして、「風」も「モード」によって風量（音）の強弱を選べますが、微調整は距離（遠いと弱く、近いと強い）と風を当てる部位（背中やお尻などは弱く、顔周りは強い）になります。

●カラダに負担のかかる問題行動の改善

イヌの問題行動の中には、行動が飼い主自身にとって問題なだけでなく、イヌの身体にとっても負担になるものがあります。たとえば、散歩中の強い引っ張りは、イヌの気管を圧迫します。これは、首輪がいけないのではなく、ハーネスをつけていても強く引っ張っていれば胸を圧迫したり、背骨に負荷をかけたりします。また、日常的に要求・警戒・不安・恐怖などさまざまな原因で過剰に吠えている場合、心臓や肺に負担がかかります。他にも興奮により過剰に飛び跳ねる場合、足腰に負担がかかります。これらは、長年の負担の蓄積により、健康上の問題につながる可能性があるため、極力早期（できれば仔犬のうち）に改善しておいた方がいい行動です。

▶ 専門家選びのポイント

シニア期に入っても「引っ張り」・「吠え」・「飛びつき」が過剰である場合、長年の経験に基づく学習が複雑に絡んでいる可能性が高く、家庭でどうにかなる問題ではありません。一刻も早く専門的な行動カウンセリングを受けることをお勧めします。そのため、この点に関する具体的な改善方法については本書では書きません。その代わり、専門家を選ぶ際の参考になる方向性を紹介します。

①情報収集をして原因を追究してくれる専門家
②問題の原因から対処法までを理論的に納得できるように説明してくれる専門家
③ショックで止めようとしない専門家
④身体的に強いショックを与えない対処法を提案してくれる専門家
⑤食べ物で釣らない専門家
⑥行動修正の最初の部分をやって見せてくれる専門家
⑦自分が提案する方法を実践する技術がある専門家

体験コラム

理想の犬生

ボーダーコリーの里親になって、同じ犬種を飼育している飼い主さんたちとつながることができ、さまざまなアドバイスをもらっているのですが、その中で、「こんな犬生の楽しみ方もあるんだ」とうらやましく感じる16歳のボーダー嬢がいます。

2018年秋の「お母さんと二人旅」

名前は「はなちゃん」、お父さんとお母さん、後輩わんこととともに神奈川県の自然豊かな場所に暮らし、今も、お母さんとアウトドアを楽しむ頑張り屋さんです。

16歳にはとても見えないはなちゃん、11歳のときにドッグ・ドックで心臓に異常が見られ、翌年から心臓の治療を開始、これ以外には健康管理としてサプリメントのマカ、クランベリーパウダー、木酢液、エミュー鳥の油、関節系サプリメントの「毎日散歩」と獣医師にブレンドしてもらった「メディカルハーブ」を服用しているそうで、今年の秋も、恒例の「お母さんと二人旅」を楽しみました。

歩くスピードはゆっくりですが、まだまだ元気です

はなちゃんのお散歩スタイルはバギーに乗って歩きやすい場所まで移動、そこで歩くことを楽しむというもので、歩く量は若いころの10分の1になっても、外遊びの時間は同じ長さを心がけているそうです。

全犬種で最も知能が高いとされるボーダーコリー、年齢とともにできなくなったことが増えても、年齢なりにできることを探して、毎日を楽しんでいる姿に「理想の犬生」をデザインすることを教えてもらったような気がします。

「無理をさせない」ことばかり考えて、外にもあまり連れ出せず、ただただ守ることに徹した柴犬との老犬介護生活、はなちゃんのライフスタイルを見ていると、できなくなった部分だけ飼い主がほんの少し手助けし、それまでと変わらない生活を送らせることができたらQOLの向上につながったのではないかと……。

日々の暮らしの中で、なにを再優先にするか。家族構成や、その時々の状況によって違うでしょうが、家族に迎えたイヌの犬生、最後までイヌらしく過ごせるような工夫、早めに考えてみませんか？

老犬に必要なケア 編

第5章

自宅でできるマッサージ

この章では、老犬の日常生活を改善できるマッサージの方法や装具についてまとめました。自宅でできるマッサージやストレッチ、痛み緩和のためのケアなど、飼い主と愛犬の絆を深めながら行えます。ぜひお試しください。

監修／井上 留美

Point マッサージの効果と注意点を学びます

5 イヌの筋肉とマッサージ

●ドッグ・マッサージのすすめ

最後まで自分の肢で歩かせたいと飼い主は思い、イヌもまた最後まで自分の肢で歩きたいと思うものです。そのために、老犬になる前から取り組みたいのが、ストレッチとマッサージです。理学療法のひとつであるマッサージと、筋肉の稼働域を広げるために行う「筋肉を伸ばす」ストレッチ。ヒトと同じく、イヌの筋肉もまた「生きていくうえで」欠かせないもので、日常生活すべてのカラダの動きは筋肉により行われています。

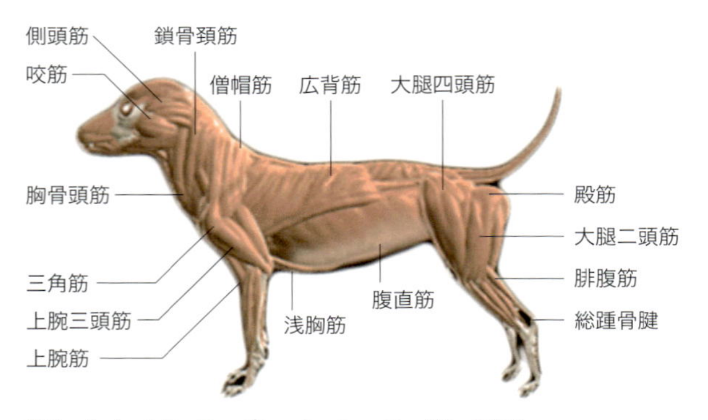

提供：（c）メタ・コーポレーション・ジャパン 2019

イラストに筋肉の動きをまとめました。マッサージをしてカラダを温め、その後ストレッチでカラダをほぐすことで、よりよい効果が得られると考えられます。

この章では、老犬のストレス解消に役立つマッサージの紹介と、寝たきりの老犬でもできるストレッチを紹介します。

●マッサージの効果

近年、ヒトのマッサージについて研究が進み「心理的」なのと痛みを和らげる「生理的」効果があることがわかってきました。イヌについてもさまざまな研究がされていますが、心理的効果としては、飼い主にマッサージされることで、イヌはリラックスし、コミュニケーションを深めることができると考えられています。生理的効果については、関節や筋肉が凝り固まりやすい老犬をマッサージすることにより、そ

の刺激で、体温が上昇し血液やリンパ液の流れがスムーズになるといわれています。さらにマッサージをすることで、筋肉を活性化させ、より使いやすい状態にすることが可能です。

日常的にイヌの身体を触っていると、シコリや痛みなど、いつもとは違う異変に気づき、病気の早期発見にもつながります。マッサージをするとき、イヌの様子をよく観察し、体調が良くないとき、イヌが嫌がる場合は無理強いしないようにしましょう。

マッサージはできるだけ毎日行い、食後の場合は必ず1時間以上たってからにします。時間は約10分間が目安です。飼い主さん自身がリラックスし、イヌの身体に触れることが大事です。手が冷たいと嫌がることもあるので、温めてから始めましょう。

●マッサージの注意点

マッサージをやりすぎたり、力を入れすぎたりすると、筋肉を傷めてしまいます。また、マッサージを受けて、血行やリンパの流れがよくなりますが、以下のような病気を抱えるイヌの場合、悪い影響を与えてしまうことがあります。獣医師にマッサージの手法や回数について相談するとよいでしょう。

- 心臓疾患・肝臓疾患・腎臓疾患
- 出血または内出血している
- 骨折の疑いがある
- 打撲している
- てんかん発作がある
- 皮膚病がひどい
- ガンがある
- リンパが腫れている

●老犬のマッサージ

動物医療が高度化し、イヌも長生きできる時代になりました。年齢を重ねて、さまざまな「不具合」がでてきます。新陳代謝が低下し運動機能が衰えると太りやすくなったり、自分で立てなくなることもあります。愛犬が少しでも快適に過ごせるよう、マッサージでケアすることを習慣とすれば、以下のような効果が得られると考えられています。

- 体温を上げる
- 硬い筋肉を和らげる
- 血流がよくなる
- 排便、排尿の手助けになる

Point マッサージの方法とロコモティブシンドローム

5 マッサージで老犬もリラックス

●はじめてのマッサージ

はじめてマッサージをする時は、手の力を抜き、優しく声をかけながら、カラダに触ります。一度マッサージを始めたら、常に手を動かしておくか、カラダから手を離さないように気をつけます。飼い主と老犬がリラックスできる体勢で行い、時間は15分以内で、忙しいときは2～3分でもよいので毎日続けることが重要です。

小型犬の場合は、飼い主と老犬が同じ方向を向き、伏せの体勢、中大型犬の場合は、飼い主の横に伏せの体勢で並んで行うスタイルが多いようです。

少し慣れてきたら、さまざまな目的に応じたマッサージに取り組んでみましょう。

▶軽擦法（けいさつほう）

軽く擦るマッサージで、英語ではストローキング、フランス語ではエフラージュと言います。イヌをリラックスさせる効果がありますので、マッサージのはじめに行います。血液とリンパ液の流れを促進し、筋肉の緊張を緩ませる効果があります。イヌのカラダ全体を端からリンパ節へ向かって擦ります。

▶揉捏法（じゅうねんほう）

文字通り、揉んだりつねったりして行うマッサージのことで英語ではニーディング、フランス語ではペトリサージュと言います。イヌの体内を流れるリンパ液の流れや筋肉の凝りを改善する目的で行います。

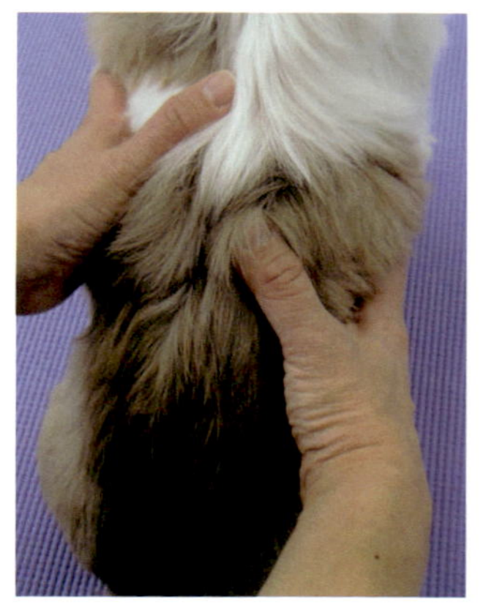

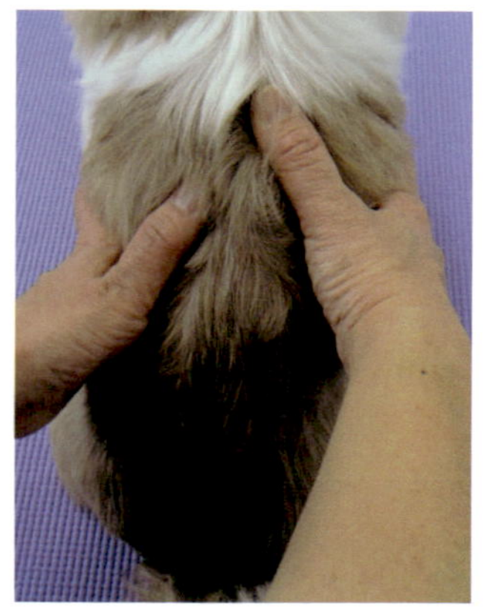

写真のマッサージは親指を使い圧力を加えるもので、「親指ニーディング」と言いますが、イヌの体の上に軽く置いて行います。

▶振動法

気になる場所を振動させて行うマッサージでシェーキング・マッサージとも呼ばれます。片手で皮膚と筋肉を優しくつかみ、つかんだ筋肉組織を5秒間に15回ほどのスピードで左右に1㎝ほどの幅で軽く振って放します。

●マッサージの流れ

基本は老犬の好きなところを中心に無理なく行うことです。いちばん気に入ってくれるポイントから進めて、少しずつ全身のマッサージができることを目指しましょう。マッサージが終わると、体の循環がよくなりますので、水を飲ませて、トイレに連れ出しましょう。

●ロコモティブシンドロームの予防

ロコモティブシンドロームとは「運動器の障害のために移動機能の低下をきたした状態」をさし、2007年にヒトの医療分野である日本整形外科学会によって提唱された概念です。イヌの世界でも同様のことが起こることを想定し、予防に取り組む飼い主が増えています。関節、骨、筋肉などの運動器の働きが衰えることで要介護の可能性が高くなるため、歩けるうちに少しずつ取り組むことが重要です。

まずイヌをゆっくりと歩かせます。このとき四本の肢を使用させることが最も大切です。速い歩行は、患肢（痛みがある肢）をかばい体重をかけなくなるため、ゆっくりと歩かせます。患肢に体重をかけ地面に着けた時はおやつを与えるなど褒めてあげましょう。散歩の時間は短い時間を数回に分けて行うほうが効果的です。自立が出来ないイヌはタオルやスリング、ハーネスを使った補助歩行なども有用です。

愛犬の体力と状態に合わせてゆっくりと歩きます。

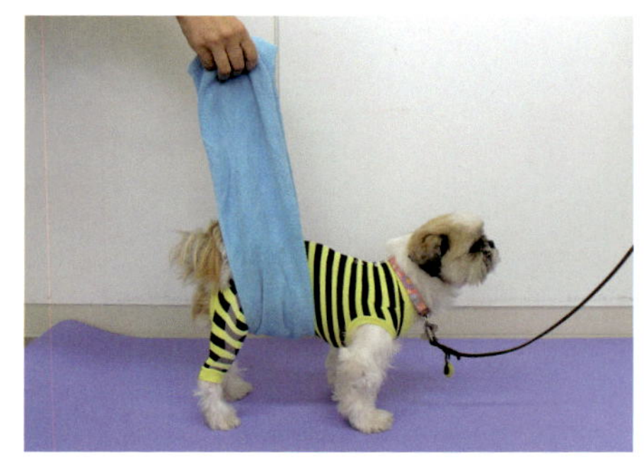

自立できない場合は、タオルやハーネスを使い、歩行を助けます。

Point 愛犬の状態を見極めてケアします

5 イヌのストレッチと補装具

「カバレッティレール」はイヌが楽しみながら後肢の筋肉などをストレッチすることができる障害物をまたぐエクササイズです。棒状の障害物を並べ、おやつを使ってイヌを誘導し、障害物をまたがせます。その際、おやつを床に近づけて与えると頭を下げるため、腿の筋肉のストレッチになります。注意することは、障害物が高すぎると怪我の危険性がありますのでイヌのサイズに合わせます。大型犬に対しては10㎝以下、小型犬に対しては3㎝以下の高さが目安です。

床に置いた棒をまたぐだけでもOK。

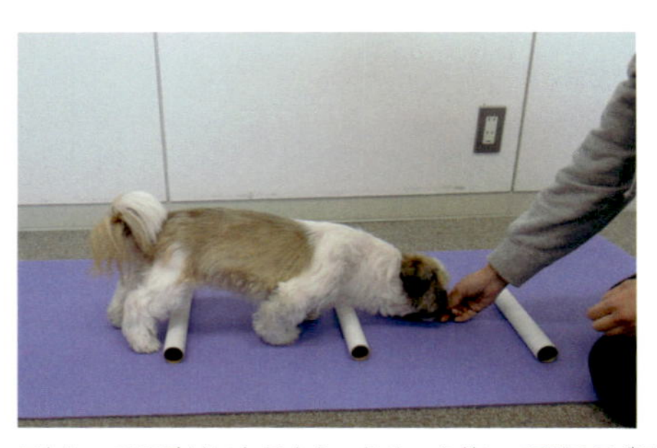
ストレッチの助けになるよう、おやつを使って頭を下げる

後肢に均等に力がかかるようにする方法として「座り立ち運動」があります。ヒトのスクワットに似た効果があるエクササイズです。お座りと立ち上がる動作を繰り返すもので、お座りした肢が正しい位置にあるかに注意し、横座り等をしている場合は正しい位置に修正します。また立ち上がったときは、両後肢に体重をかけているか確認します。おやつを使用し、イヌのモチベーションをあげて、イヌが休むようになるまで何回か繰り返します。

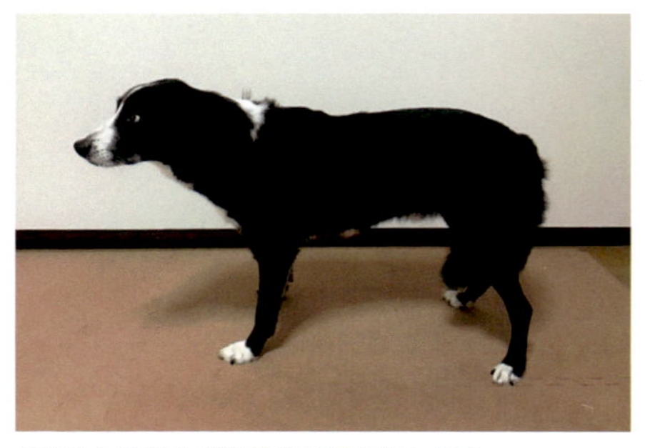
お座りと立ち上がる動作を繰り返します。

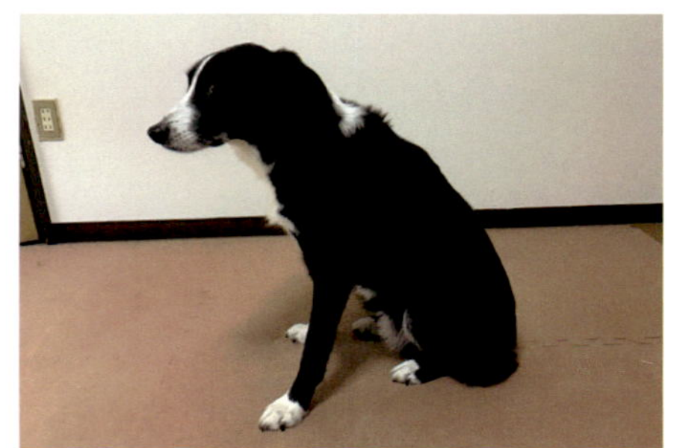
座ったときの姿勢や肢の位置を観察しましょう。

歩けなくなったら、横になった状態で前肢・後肢の膝を手で支え、優しく曲げ伸ばしをします。それが終わったら肉球を手のひらにあて、曲げ伸ばしをします。指を前後に動かすことも効果があると言われています。優しくゆっくり行います。

●痛みの緩和ケアのためのメニュー

温熱療法（ホットパック）

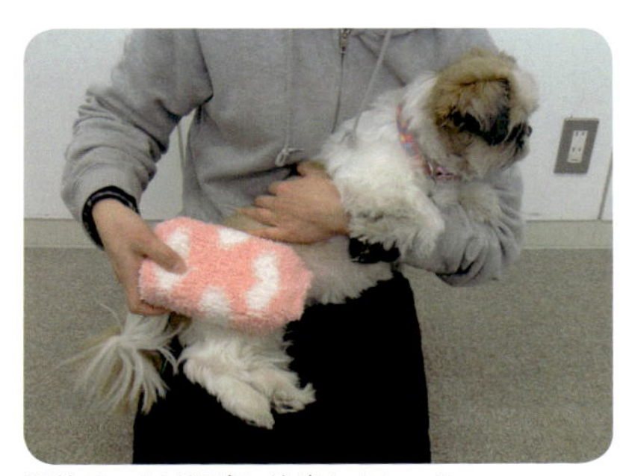
温熱パックは温度に注意しましょう。

関節炎などの痛みをもつ老犬は、1日のスタートに関節を温めるとよいでしょう。疼痛を軽減するため、マッサージ前に筋肉や関節を温めるとマッサージ効果が増強されます。イヌに使用する温熱の適温は41～43℃です。ヒトの手にほんのり温かさを感じる温度で、イヌがリラックスし、温熱療法を受け入れる様子であれば適温と考えられます。イヌにあてている時間は10分が標準ですが最初は5分位から始めるとよいでしょう。各種温熱パックが販売されており、イヌのサイズに合わせて、快適なものを選び火傷に注意して使用しましょう。

●QOLを高める補装具

スリング、タオル、カートなど、老犬の状態によって起立や歩行を補助する道具を導入し、歩きたい気持ちを後押しします。

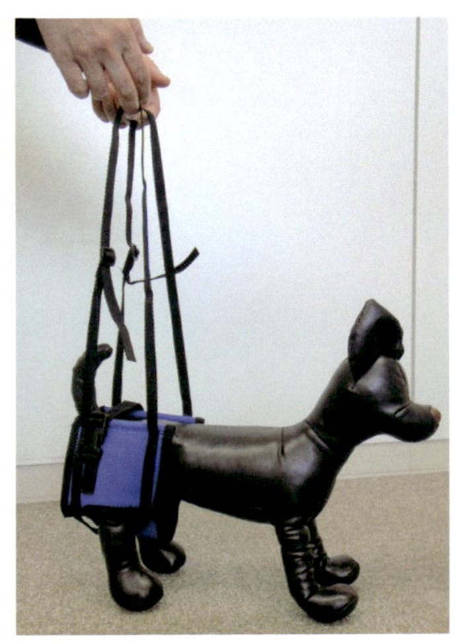

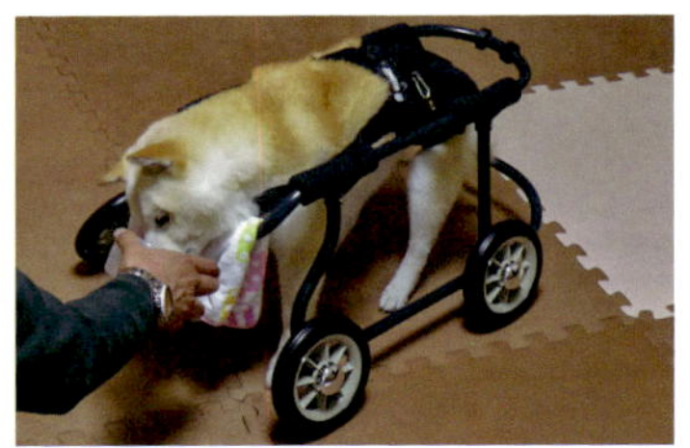

さまざまな補装具が販売されています。愛犬の状態に合うものを使い、少しでも毎日歩く練習をさせるといいでしょう。

体験コラム

必要な道具

9歳を越えたころから、老犬になったら使いそうなグッズを買いそろえました。

まずは腰痛の症状が出たためコルセット。最初はオーダーメイドのものを勧められたのですが、もし本人が嫌がったら高額な商品が無駄になると思い、ネットで探したものを装着。これがうちのイヌにはぴったりはまり、亡くなるまでの11年間、利用しつづけました。その次にドッグバギー。通院用にイヌ用スリング……ちょっと便利そうなものを見つけると、とりあえず買って試していました。

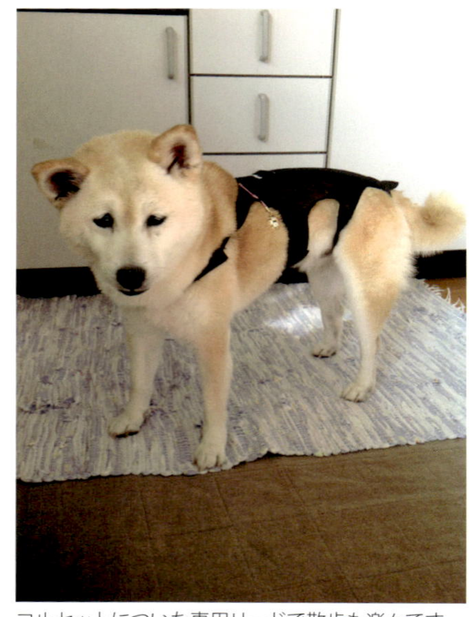

コルセットについた専用リードで散歩も楽々です。

いろいろ試して、結局最期まで使ったのはコルセットだけ。これだけは嫌がらず、腰痛も出にくくなったので、最期まで使用。1万円弱で購入できるイヌ用のコルセット、週1回手洗いしつつ使い続け、生涯使用枚数4枚、合計4万円の優れものでした。

2012年春、東北の震災を経験し14歳の老犬の側になるべく長くいられるよう仕事のやりかたも変え、小さな変化も見逃さないようにと暮らしてきましたが、それでももっとなにかやりようはなかったのかと思いだし後悔することもあります。

過剰に反応し獣医師に駆け込んだり、今にして思えば笑い話ですが、当時は大まじめに心配し、ケアし、眠れない夜をいくつも過ごしました。イヌの立場に立つと、ずいぶんと窮屈な飼い主だったかもしれません。それくらい、イヌの老化と言うのは、飼い主を戸惑わせるのに十分な変化なのです。

決して几帳面ではない飼い主が、毎朝SNS投稿用に、イヌの顔を撮影し気になることがあれば書き添える。こうすることにより、メモをなくす心配もないし、イヌ飼いの友人たちに相談もしやすい。1日でも休むと、なにかあった？と声をかけてもらえることに感謝しつつ、ひとりで面倒を見ている環境でも、孤独にならず老犬介護ができました。

ある意味、私にとってイヌの介護に必要不可欠なものはパソコンかもしれません。

老犬に必要なケア 編

第6章

自宅でできるグルーミングケア

この章では、自宅でできるグルーミングケアについてまとめました。グルーミングは愛犬の全身状態をチェックすることもできる日常のケアです。老犬になってカラダが不自由になっても快適に過ごせるよう、自宅でのケアをぜひお試しください。

執筆／宮田 淳嗣

Point グルーミングケアで健康管理をします

6 愛犬のスタイルに合わせたケア

●グルーミングで健康チェック

グルーミング（被毛の手入れ）の目的は、衛生管理や美容だけでなく、健康チェックやイヌとのコミュニケーションをとる上でも必要です。グルーミングをしている時間ほど、愛犬の全身を隅々まで見て、触れる機会はありませんし、そのときに些細な体調の変化に気づいたりすることもあります。

グルーミングをするときは、あらゆる体勢になっても踏ん張ることができるよう、床には滑り止めになるマットを敷きます。寝たきりでグルーミングする場合も、硬い床に直接寝かせるのではなく、マットになるものを敷くといいです。必要に応じてバスタオルなどを畳んで枕を作ります。また、老犬は筋力が落ち、関節も弱まっています。グルーミングをするときは、関節を動かせる範囲を把握し、無理に曲げたり伸ばしたりすることがないよう気をつけてください。例えば、イヌの前肢は前後にしか動かせないので、横に開くことがないように気をつけます。後ろ肢は後方に引っ張ると膝のお皿の骨が外れてしまうことがあります。

その他にも気をつけるべきことは多々ありますが、基本的には丁寧に優しく行いましょう。

●ブラッシング時の注意点

老犬は、床にマットを敷き、寝かせた状態でブラッシングを行います。ヒトの皮膚の角質層は10～15層ありますが、イヌの皮膚の角質層はわずか2～3層しかなく、とても傷つきやすいので、目的に合ったケア用品を選びましょう。ブラッシングの前にまず水分を噴霧します。このとき、イヌを驚かせたり、鼻や眼などに水分がかからないよう気をつけます。静電気を防ぐ目的であれば、ある程度イヌから距離を離して噴霧し、イヌが霧の中に包まれるようにします。ブラシは強く握りこまず、軽く保持する程度で、ピンの付いている面全体が皮膚に対して平行になるように添えながら動かします。また、基本的には毛並みに沿ってブラシを入れます。もつれを整える場合は、少しずつ丁寧に行いましょう。まず背中など体の中心に近い部分から始め、徐々に足先や尾、頭などの末端部をブラッシングしていきます。

▼毛並みに沿ってブラッシングします

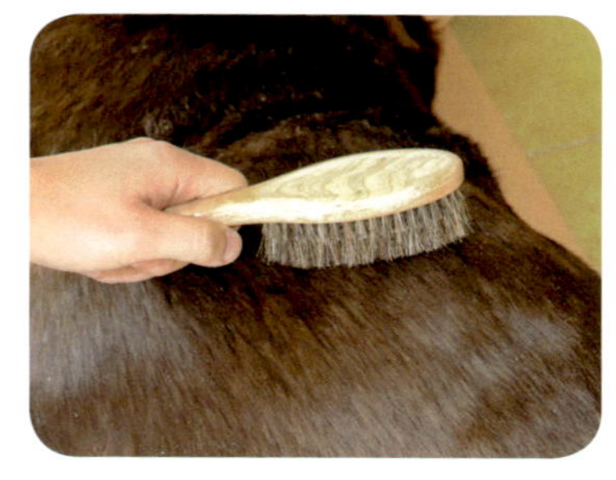

HOW TO

長毛種のケア用品の選びかた

長毛種のケアで気をつけたいのは、ダブルコート（二重毛）であれば換毛期に抜け毛をちゃんと取り除いてあげること、シングルコート（単毛）であれば、毛がもつれないように手入れをすることです。

1 日常のお手入れ用ブラシ

日頃からブラッシングを行うのであれば、ピンブラシが適切です。ブラッシングする際、水分を噴霧してから行ってください。とくに湿度の低い冬季は、被毛が乾燥したままブラッシングを行うと静電気が発生したり毛切れを起こしやすくなります。

2 毛のもつれを整えるブラシ

被毛のもつれを整えるのに適したスリッカーブラシですが、皮膚に強く当たってしまうと擦過傷という擦り傷になりやすいので注意が必要です。

3 あわせて使いたい ブラッシングスプレー

水分噴霧は水道水でも構いませんが、ブラッシングスプレーを使用したほうがより効果的です。ブラッシングスプレーには、静電気や毛切れを防ぐだけでなく、櫛通りを滑らかにする効果や被毛にツヤを与える効果、香りづけをする効果などがあります。

A・P・D・C グルーミングスプレー

Point 体力のない老犬も工夫次第でケアできます

6 老犬に適したグルーミング

●シャンプーを使った被毛の洗浄

ブラッシングや爪切りといった作業と違い、お湯で濡らし、シャンプーで洗浄する作業はイヌの体力を消耗させるうえ、一度全身を濡らしたら乾かし終わるまで中断して休ませることができません。また、「暑い」や「寒い」など言葉で教えてくれることもありません。「ハァハァ」と口で呼吸を始めたり、体を震わせ出したころには、老犬にとってはかなり危険な状態と言えます。環境の温度や湿度、水温の正確な調整、短時間で正確に洗浄する技術、あるいはイヌに恐怖心や嫌悪感を与えないように洗浄する技術は非常に高度なものです。介護が必要な老犬に関しては、家庭で全身を濡らしたシャンプーは積極的にお勧めすることはできません。

寝たきりの状態の老犬であれば、ドライシャンプー（ウォータレスシャンプー）が無難です。洗浄したい部分によく馴染ませ、濡れたタオルで拭き取ることで浮いた汚れを除去することができます。洗浄後は濡れているので、ドライヤーで乾かします。洗い流し不要とは言え、シャンプーで濡れると寒いので温度管理に注意してください。ドライヤーが苦手なイヌにはパウダータイプのドライシャンプーがお勧めです。パウダーを洗浄したい部分に振りかけてよくなじませると、パウダーが被毛に付着した皮脂や汚れを吸着します。ブラッシングをしてパウダーを落とすと、被毛は清潔になります。パウダーは十分に落としてあげてください。ベビーパウダーで代用することも可能です。

●老犬に適したカットスタイル

老犬にとって被毛が長いと手入れに時間がかかり負担となるため、手入れのしやすい短めのカットスタイルが良いでしょう。ただし、冬場は寒くならないように配慮してあげてください。肛門周囲や尾の付け根の裏側、外陰部の周囲など、汚れやすい部分は短く刈り取った方が衛生的です。一方で、被毛を刈り取った場合は汚れが直接皮膚につく可能性が高くなります。もし皮膚についてしまったら、かぶれる前に除去してあげてください。眼の周りも短くカットしてもらったほうが過ごしやすく、手入れもスムーズです。

イヌのヒゲは猫のヒゲほど敏感ではありません。短毛のイヌの場合、顔をすっきり見せるためにヒゲをカットすることもあります。しかし、視力が落ちてきた老犬にとっては、ヒゲは障害物との接触を防ぐ大切なセンサーです。ヒゲは残してあげた方が良いと思います。

HOW TO

短毛種のケア用品の選びかた

一般的に短毛種は、毛が生え換わる周期が早いため、長毛種より抜け毛が多くなります。また品種によりアンダーコートが多い傾向にあります。アンダーコートは保温の効果が高いので暑さ対策のケアが必要になります。

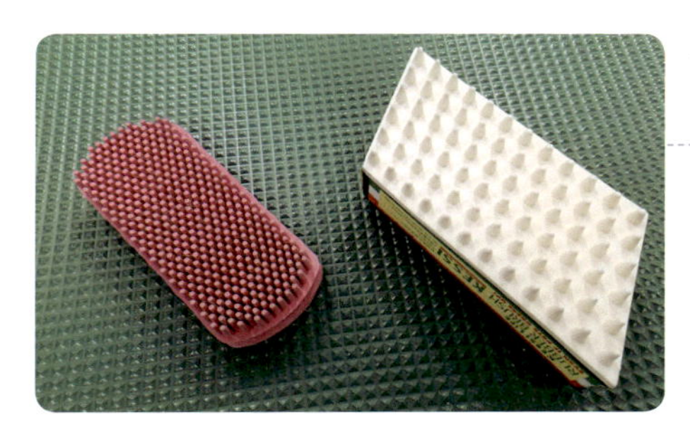

1 ケアや汚れ落としには、ラバーブラシが最適

ゴムでできており、適度に水を噴霧することでブラシと被毛の間の摩擦力が増し抜け毛や皮脂の除去の効率が上がります。マッサージ効果もあり、皮膚を傷つける心配がないので皮膚に添えるようにし、毛並みに沿ってブラッシングしてください。

2 アンダーコートがある場合、除去用ブラシで整える

柴犬やコーギーなど、アンダーコートに厚みがある犬種の場合は、スリッカーブラシを用いることもあります。アンダーコートの除去を目的とする器具も多数販売されています。

3 短毛種でも長毛種でも脚の手入れは丁寧に

ブラッシングのときに確認したいのは、前脚と後脚です。散歩のときに汚れたり、傷ついたり、ダニなどの虫が付いている可能性があります。足先は大変敏感な部分です。ブラシやコームを使って丁寧に整えましょう。

Point 愛犬の状態に合わせてケアします

6 部位別ケア法①（目・耳・足裏）

●目やにのケア

目やには放置しておくと固まってしまい、除去するのが困難になります。さらに蓄積し続けると、まぶたや眼球が炎症を起こしてしまうこともあるので、手入れが必要です。

涙やけは涙で毛が変色した状態なので、除去することはできません。日ごろから涙をこまめに拭いてあげることで、ある程度防ぐことは可能です。若いころから眼の周囲に触れることに慣れさせておくと良いと思います。

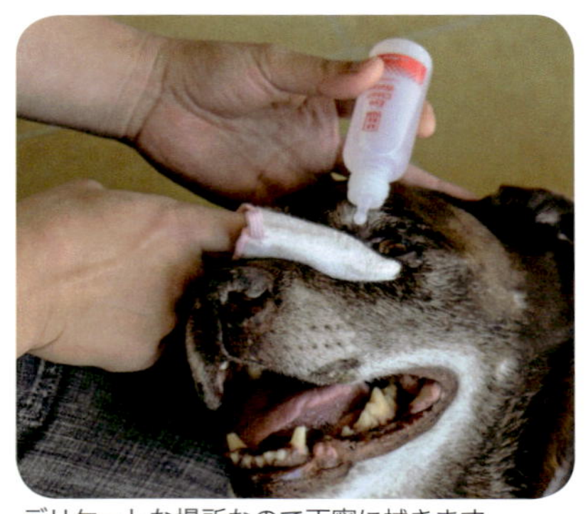

デリケートな場所なので丁寧に拭きます。

手入れ方法　清潔なガーゼやタオルをぬるま湯で濡らし、優しく声をかけながら、そっと目に近づけます。急に眼の前にガーゼなどを近づけるとイヌが怖がってしまうので、注意してください。ガーゼなどを近づけると眼を閉じるので、軽く触れる程度の弱い力で除去してください。目やにがふやけていれば軽く触れる程度で十分除去できます。

注意点　アルコールなどの成分が含まれた製品は、眼の周囲をケアするにあたっては危険なのでよく確認してください。また、ティッシュペーパーなどは繊維が粗く、眼を傷つけてしまう恐れがあるのであまりお勧めできません。

●耳垢のケア

たれ耳のイヌは耳垢が溜まりやすい傾向にあります。耳の穴から出てきている耳垢に関しては、ガーゼや柔らかい布などでそっと拭き取ってあげてください。ただし、耳の中は非常にデリケートなので、綿棒などで耳の穴の中まで掃除しないでください。耳道内を傷つけてしまい、悪化させてしまう恐れがあります。

手入れ方法　耳の中を洗浄する場合は、イヤーローション（イヤークリーナー）を直接耳の中に入れます。耳の中に異物が入るとイヌは「ブルブル」と頭をふるわせて排出しようとしますが、この時点では頭を押さえてふるわせないようにしてください。耳の中にイヤーローションを十分入れることができたら、耳道を外側から優しく揉み込みます。あとは手を離すとイヌが「ブルブル」と頭をふるわせ、耳垢を外に出してくれます。片耳2回ずつ程度行うのが一般的です。

注意点　毎日行うと耳の中が荒れてしまう恐れもあります。耳の中の状態によってはこの作業は好ましくない場合もあるので、獣医師に指示を仰ぐことをお勧めします。

●足裏のケア

老犬は筋力が落ち、体も硬くなりがちなので、足元が滑る中で立っているのは大変です。フローリングなどの滑りやすい床を歩かなければならない際は注意が必要です。スリップを防ぐためには足裏の毛の処理と肉球の保湿が重要です。イヌの足裏には被毛があります。この被毛は氷上や藪などの足場の悪い中を歩く際に肉球の保護の役割を果たしますが、家の中（とくにフローリング）においてはスリップの原因になります。また、環境中の汚れが付着しやすいため、衛生的な観点からも刈り取ったほうが良いでしょう。

手入れ方法　刈り取る際はバリカンを使用します。肉球にかかる毛を刈り取ってください。その際に毛並みをよく確認し、毛並みに逆らうように（毛を逆立てるように）バリカンを進めるときれいに刈ることができます。グルーミングサロンでは大きい肉球と肉球の間の被毛まできれいに刈り取ることがありますが、ご家庭でのケアの場合は肉球の表面に出ている被毛だけ刈り取れば十分です。とくに大型のイヌの場合は、肉球と肉球の間の被毛は残しておいたほうが外を散歩した際の足裏の保護にもなり得ます。

注意点　被毛を刈り取れたとしても、肉球がカサカサに乾燥していたらスリップしてしまいます。潤いを与えるために、肉球にクリームなどを塗布してください。寝たきりになるとタコができやすくなってしまいます。また、老犬になると皮膚の機能も低下し、タコも乾燥しがちです。ひび割れを防ぐためにも、タコに対してクリームを塗布してあげてください。クリームはワセリンで代用することも可能です。

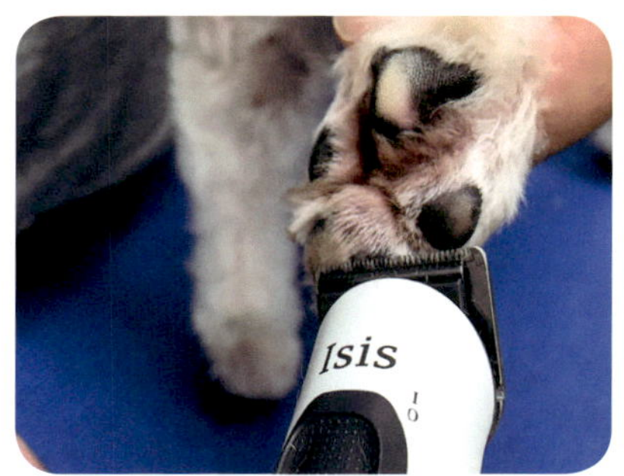

ビー・ブラウンエースクラップクリッパー
安全に簡単に皮膚への刺激を抑えたクリッパー。

A・P・D・Cポウ&エルボウローション
マッサージをしながら、クリームを塗布します。

Point 老犬になったらとくに気をつけたい

6 部位別ケア法②（爪・お尻周り）

●爪のお手入れ

日ごろから散歩をしていれば爪は削れるので過度に伸びることはありませんが、老犬になり運動量が減ると爪も伸びやすくなります。伸びすぎると地面に接触し、その状態が続くと肢の指が変形してしまいます。また、爪が長いとあらゆるところに引っかかるリスクも高くなるので、伸びてきたら爪を切ってあげてください。

手入れ方法　爪切りにはギロチンとニッパー（ペンチ）タイプがありますが、どちらが良いということではないので、扱いやすい方を使用してください。また、出血させてしまったときに備えて、爪用の止血剤を用意します。透明な（白い）爪の子であれば、血管を目で確認できるので、出血しない程度まで切ってください。爪が黒く目で確認できない場合は断面を見て判断します。少しずつ切り進め、断面の中心の部分に柔らかい組織が露出してきたら（湿り気が出てきたら）血管が近づいた目安です。

注意点　イヌによっては狼爪と呼ばれる5本目の指があります。狼爪は地面につかないので、散歩をしても短くなることはありません。伸びやすい爪なので、よく確認をしてあげてください。

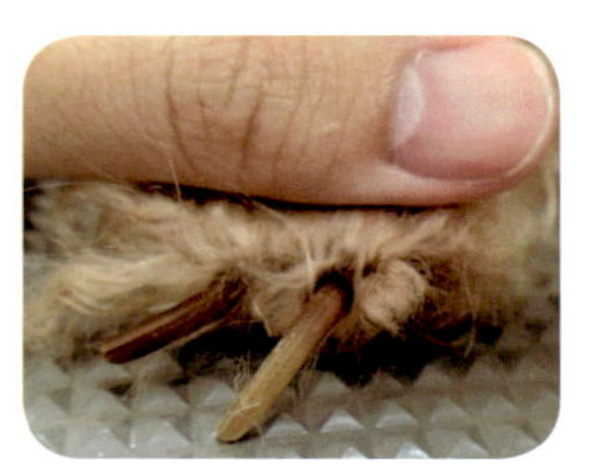

肉球を動かないようにして、何度かに分けて切ります。

●お尻周りのケア

若いころは、排泄物が周囲に付着しないように上手に排泄しますが、老犬になると立ち上がることも困難なので、排泄物が周囲の被毛に付着してしまいます。また、排泄を我慢できずに垂れ流してしまうこともあります。付着した排泄物を放置しておくのは衛生上好ましくなく、なによりかわいそうです。

手入れ方法　少量の汚れなら市販されているお尻拭きで除去可能です。イヌ用のものもありますが、ヒトの赤ちゃん用のお尻拭きも肌触りがよく、大変便利です。お尻拭きがなければ、ぬるま湯で湿らせたタオルで拭きます。お湯は35℃前後、お風呂より少しぬるめの温度が目安です。ひどい汚れであれば、部分的にシャンプーを施すのも手です。

注意点　肛門腺のケアも必要です。通常、グルーミングサロンで絞り出してもらえますが、連れて行けない状態であれば、家庭で定期的に絞り出してあげる必要があります。力を加えないと出せないような場合はとくに高度な技術が必要になるので、上手にできない場合は、動物病院などで絞ってもらってください。

老犬に必要なケア 編

第7章

老犬介護グッズの選びかた

この章では、イヌも飼い主も幸せになれる介護グッズの選びかたについてまとめました。適切な時期に老犬にあった介護グッズを使うことにより、イヌの日常が豊かになり、飼い主の生活も改善できると思います。ぜひお試しください。

執筆／福山 貴昭

Point 健康寿命を伸ばすため飼い主ができること

7 適切なグッズで幸せな老犬生活

●介護グッズを使うタイミングは？

老犬介護は、イヌも飼い主も困ってしまう、疲れてしまう要素が多々あります。そんな老犬介護を便利グッズを使って楽にしよう！楽して楽しいものにしよう！というのがこの章のテーマです。飼い主がグッズ探しで苦労しないよう、またグッズ選びで時間を無駄にしないように、良いグッズを厳選し、具体的な商品を提示しながら老犬介護での活用のしかたを解説していきます。

飼われているイヌの活動量が減り、寝る時間が多くなってきたら、そろそろ飼っているペットの老いに配慮したグッズを準備する時期が来たのかもしれません。健康寿命を延ばすためには、老化により生じるいろいろな問題を加速させてしまう「ダメージ」をしっかりと予防することが大切です。愛犬の状態や飼育環境に合った適切なグッズを準備しましょう。

老化の初期段階からケアが必要な犬種としては、大型犬、肥満のイヌ、スリムなイヌ、骨の出っ張りを感じるイヌ、筋肉の少ないイヌ、皮膚の薄いイヌ、皮膚の弱いイヌ（皮膚病によく罹患する、またはしている）、毛の薄いイヌ、関節に痛みを感じているイヌ、イヌ本来の形態とされる柴犬を少し大きくした姿から、かけ離れた姿をもつイヌ（セント・バーナード、ブルドッグなど）が挙げられます。

▼イヌと人間の年齢の目安

小～中型犬	人間
1歳	15歳
2歳	24歳
3歳	28歳
5歳	36歳
7歳	44歳
10歳	56歳
12歳	64歳
15歳	76歳
20歳	96歳

大型犬	人間
1歳	12歳
2歳	19歳
3歳	26歳
5歳	40歳
7歳	54歳
10歳	75歳
12歳	89歳
15歳	110歳

※品種等によってもこの関係は違ってきます。
環境省自然環境局総務課動物愛護管理室「飼い主のためのペットフード・ガイドライン」（2018）より引用。

●老犬の寝具で気をつけること

衝撃吸収や弾力性、体重の分散、通気性などイヌ用寝具の機能はじつに多様化しています。素材や機能もどんどん新しいものが登場しているため、カタログなどの説明をよく読み、介護するイヌや家庭の状況に合わせた寝具を選びましょう。とくに老化症状の進行に合わせて段階的に寝具の選定をすることで、イヌと飼い主双方のQOLを高めることができます。

高反発クッションブレスエアー（R）を使った「からだ想いラボ 足腰・関節にやさしいベッド」。

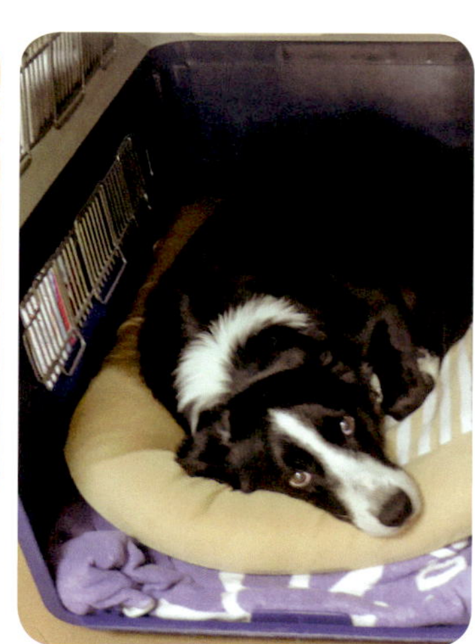

通気性がよく蒸れにくいので、同じサイズのベッドをクレートに入れて使っても快適。

睡眠時の注意点

どんな優れた商品を使っていても、気をつけなければいけないことがあります。

●老犬は体温調整機能が低下しているため、寝具とイヌの体の接触面が多すぎて体温を放散できないことや接触面が蒸れてしまわないよう気をつけてください。とくに沈み込むタイプや包み込むタイプの寝具は接触面が広くなるので注意が必要です。

●痩せているイヌは、敷物のシワ部分の摩擦で皮膚が損傷してしまうことがあります。

●長時間同じ体位で寝かせないようにします。ヒトの床ずれ予防ガイドラインでは2～4時間以内での体位変換を行うことを推奨しています。表など作り、体位変換を忘れることがないようにすると良いでしょう。

Point 日常生活を快適にするための工夫を考えます

7 オムツの選びかたと少しの工夫

●おもらし、オネショ対策はどうしたら？

　最近のイヌ用オムツは吸収性が高く逆戻りしないタイプやオムツの模様の色が変わるおしっこお知らせサインつきのものなどがあります。おしっこで汚れたオムツは、なるべくまめに新しいものに交換してあげましょう。そうすることでオムツかぶれを予防できるだけでなく、おしっこが出ていないことにも早く気づくことができます。長時間出ていない場合は早急に獣医師に相談してください。

　オムツのサイズが体に合っていないとオムツこすれや、尿漏れなどを起こしてしまいます。とくにオスは体型に合わせたオムツ選びが大切です。

　いろいろなペット用オムツがある中で、家庭での使用に適したものを選ぶことでイヌも飼い主も介護が楽になります。オネショ対策では①吸収性が高く逆戻りしない②おしっこが下に通過しない③皮膚が蒸れにくいなどの機能をもった製品を使用し、適切にセッティングすることが大切です。消臭機能がついた商品だとさらに良いでしょう。

オムツを選ぶとき、サイズの目安となるのが胴周りと体重です。尻尾用の穴のサイズが合わないと、尿漏れしたりもしますので、医療用テープなどでサイズの調整をするとよいでしょう。

HOW TO

皮膚の守りかた

健康な老犬生活を送るためにも、床や寝具との摩擦から皮膚を守ることが大切です。老化初期からしっかりと床ずれ予防効果のあるマットやスキンケア用品を活用しましょう。

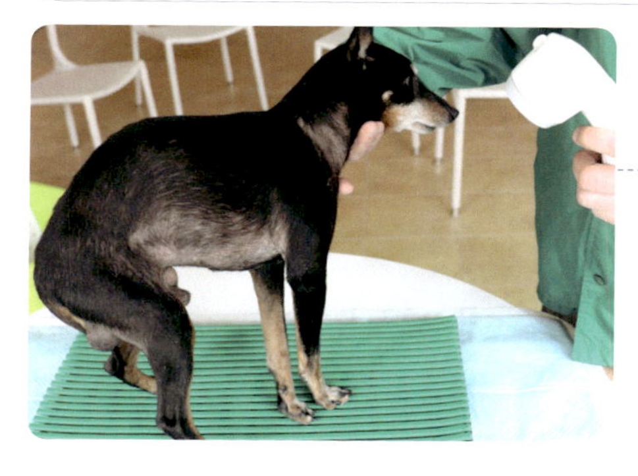

1 舐めても安心！ 保湿用品でケアしよう

病院の処置台などで見かけるタフマットは、夏場でも快適に寝ることができる優れもので、おしっこやウンチで汚れた体を洗い流すとき、汚物や洗浄液などがイヌのカラダや足先につくことを防いでくれます。

2 毛のもつれを整えるブラシ

乾燥しすぎると皮膚はひび割れた状態になり、皮膚の防御機能が低下し感染が起こりやすい状態になってしまうので、保湿クリームなどを使って手入れをします。肉球だけでなく、尾も乾燥するので注意をしましょう。

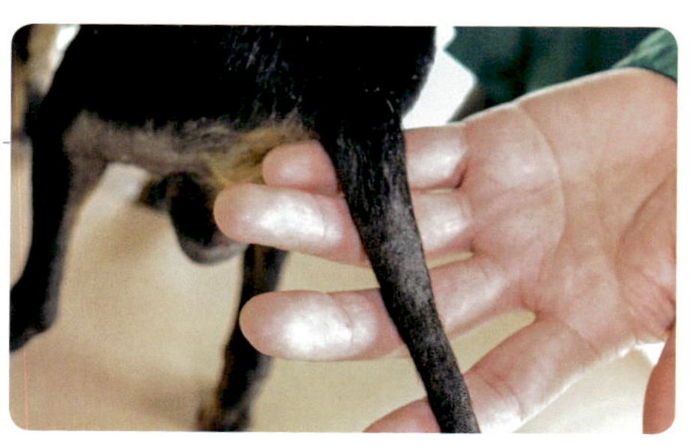

3 肘にできてしまうタコ…… そのケアは必要ですか？

足腰が弱ってくると、寝たまま過ごす時間が長くなり肘にタコができることがあります。クリームによるケアや、床ずれを予防するサポーターなどを使って関節付近をカバーするのもお勧めです。

Point 歩くことはイヌの日常を豊かにします

7 歩行を助けるお助けグッズ

●イヌ用の靴や靴下ってどのようなときに役立つの？

足裏でしっかり地面をとらえて歩けるように、また、つま先が地面を向かないように足先を軽くサポートしてくれる靴があります。この靴を履くことで、爪や指先を引きずり、損傷してしまうのを予防することができます。さらに、足先がねじれた状態の不安定な着地によって、関節や靭帯にかかる大きな負荷を防げます。

指が開かないように、足先全体を優しく包み込むようにフィットする靴は、指の広がりすぎを防ぎ、指を軽く握り込むイヌ本来のタイトな足先づくりをフォローしてくれます。このことで体重を足先全体でしっかりと受け止めて歩行することが可能になり、重心保持が安定します。

歩行はイヌの健康を保つために欠くことのできない動作です。立てないけれど歩けるイヌは意外と多く存在し、歩行を実施することで立ち上がる筋肉を取り戻したイヌもいます。その歩行をアシストするのがイヌ用の靴や靴下です。

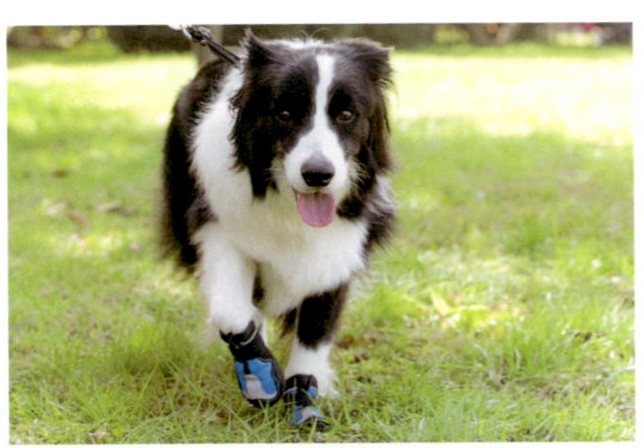

マッドモンスターズ
柔らかい素材を使用しているので、オールシーズン使用できます。

スキッタープラス
表と裏に滑り止めがついた靴下で、脱げにくく滑りにくいため老犬の歩行を助けます。

HOW TO

イヌ用歩行器具

歩くのが好きな老犬が歩けなくなったらどうしよう。そのせいで夜泣きするんじゃないかと不安になり、歩けるうちに練習させようと歩行器具をオーダーメイドで作ってもらいました。

1 20歳の老犬が使うには旋回タイプか独立タイプか？

くるくる同じ場所を徘徊することが増えた老犬用に考えられた、真中に支柱があり旋回できる4輪の歩行器具も作ってくれるメーカーに依頼。使い勝手を考え、結局は普通の4輪タイプを選択。2つの大きな違いは、タイヤのサイズです。

2 正確に測っても、微調整は必要

獣医師に相談し制作に必要な寸法を採寸、商品到着後、老犬が楽に使えるよう高さや長さを調整。「自分の家の老犬のために車いすを作ったのが始まり」というメーカーさんならではの「気づき」があり、あごの位置など細かな調整のためタオルや枕を使用して調整しました。

3 歩行器具をどう使いたいか

亡くなる少し前まで、部屋の中をくるくると自力歩行していたので目が離せず、旋回タイプにすればよかったと後悔。起立姿勢であれば楽にできるお世話(食事や排泄) もあるので、家の中でどう過ごしているか？なにをするときに使いたいか。発注時にはそのあたりが重要なポイントになると思います。

協力：株式会社ベルワンふうりんしゃ

体験コラム

老犬介護の味方

愛犬を動物病院に連れて行ったとき、緊急の受診は別として、待ち時間などについつい手にとってしまうのがペット用品の通販冊子PEPPYです。物販情報だけでなく、薬の飲ませかたや介護用品の使いかたなど実践に使える情報が多く掲載されています。いまでこそペット雑誌がたくさん書店に並んでいますが、20年前私がイヌと暮らし始めたころは、まだまだ情報不足で、動物病院にいけば手に入るフリーマガジンの存在は貴重でした。

柴犬のときは最期までイヌらしくと、いろいろ自分の中にハードルを設け、介護生活どっぷりなのに「全然うちの子は平気」と強がり、それでも新しいもの好きなので、介護用品で面白そうなものがあれば暮らしの中にどんどん取り入れました。

コルセットであったり、ヨガマットであったり、イヌ用のものに限定せず日常生活で便利そうなものは「とりあえず」使ってみる。同じようにボーダーコリーでできるかと言ったら、やはり体重の違い、体格の違いがネックになってきます。

18kgのボーダーを軽々と抱きかかえられるほどの体力も筋力もないため、6kgの柴犬とは使う道具も変わってきます。通院ひとつ考えても、柴犬のときはタクシーが使えましたが、18kgのボーダーをキャリーケースに入れてタクシーに乗せる手間暇だけで、さらに具合が悪くなりそうで真夏の通院用にイヌ用のカートを早めに導入したり。

トレーニングが可能で、健康なうちから「老犬」になったときの暮らしを想像して、いろいろなグッズを日常に取り入れておけば、視力が怪しくなっても聴力が衰えてきても、愛犬たちは戸惑わず暮らせるのではないかと想像しています。

いつもの場所で、いつものPEPPY。ついつい手に取り、ついつい読み込んでしまいます。

ご近所さんからいただいたイヌ用バギー。真夏の通院や歩行が困難なっときのお助けグッズです。

老犬に必要なケア 編

第8章

老化のサインを見つけよう

この章では、日常生活の中で愛犬の変化に気づくコツをまとめました。外見の変化と行動の変化、老化のサインを見つけ適切なケアをします。そばにいる飼い主ならではの観察眼で、愛犬が安全で快適な毎日を過ごせるよう愛犬からのサインを読み取りましょう。

執筆／荒川 真希

Point ヒトもイヌも老化のサインは同じです

8 老犬観察：外見と行動の変化①

●老化のサイン

イヌの老化は急激に進むわけではなく、年齢とともにゆっくりと変化していきます。はじめは気がつかなかったことも、老化が進むにつれ目立ち、気づきやすくなってきます。愛犬の老齢変化のサインにいち早く気がつくことで、病気の早期発見ができたり、日常生活のサポートをしたりできるので、日頃からチェックしましょう。

[外見の変化]

●白い毛が目立ってきた

高齢になると鼻や口まわり、目のまわりにかけて白い毛が目立つようになってきます。さらにだんだんと全身の毛色も白っぽくなってくることもあります。

●目が白く濁ってきた

高齢になると「白内障」が起こりやすくなります。白内障は、「水晶体」と呼ばれる目の奥にあるレンズが白く濁ることをいいます。白内障が進行すると、徐々に視力が低下していきます。視力が低下すると家具やケージにぶつかりやすくなったり、小さな段差につまずきやすくなります。普段からチェックして、家具の配置に配慮してあげるとよいでしょう。

●口の臭いが増えた

歯の表面にプラーク（歯垢）がつき、年齢とともに歯石がつきやすくなります。細菌のかたまりである歯石がつくと、口の臭いが増えてきます。そしてこの歯石は、歯周炎を引き起こしやすくするため、若いころから歯磨きでケアをしてあげるとよいでしょう。

●皮膚が乾燥してきた、フケが目立ってきた

高齢になると、皮膚や被毛が乾燥しやすくなります。皮膚が乾燥するとハリや柔軟性がなくなり、フケも出やすくなります。肉球も乾燥やすくなり、ひび割れを起こすこともありますので、専用クリームなどで保湿してあげるとよいでしょう。

●毛がパサついてきた、抜け毛が増えた

高齢による乾燥から毛づやが少なくなってパサついた毛になったり、抜け毛も増え、毛が薄くなることもあります。

●体型が変わってきた

高齢になると基礎代謝や運動量が低下して、太りやすくなります。また逆に消化吸収機能の低下から、痩せてくることもあります。また筋肉量も低下してくるため、

体型が若いころより変化してきます。とくに後肢やお尻周りの筋肉が減るために、お尻が小さく見えるようになります。

- **できものやシミが増えた**

高齢になると皮膚にできものができやすくなります。また寝ていることが多くなるため、体重がかかる部分にタコができたり、皮膚には腫瘍が発生しやすくなります。さらに色素沈着によりシミも増えます。

［行動の変化］

- **あまり遊ばなくなった**

好奇心が薄れて遊びに無関心になることも高齢による変化の特徴です。また、体のどこかが痛んだり、だるかったりすることが原因のこともあります。

- **息がきれるようになった**

体力や心肺機能の低下から、運動をすると息がきれやすくなります。また、安静時に呼吸が荒く苦しそうな場合は、循環器の病気の可能性があります。

- **後肢の歩幅が狭くなった**

腰や後肢に痛みがあると、後肢の歩幅が狭くなります。前肢は普通の歩幅であることが多いので気づきにくいかもしれませんが、早めに気づいてあげられるとよいでしょう。

- **立つとき、座るときに時間がかかるようになった**

腰まわりや後ろ足の筋力が低下したり、痛みがあったりすると、すぐに立てなくなったり座るのに時間がかかったりします。

- **物にぶつかるようになった**

白内障などによる視力の低下により、物にぶつかることがあります。筋力の低下によるふらつきや、脳神経の異常が原因のこともあります。

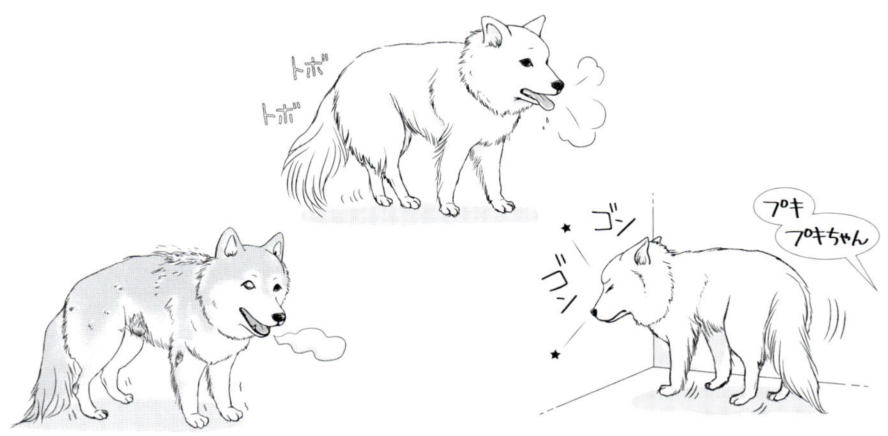

Point いつもと違ってきたら安全に配慮しましょう

8 老犬観察：外見と行動の変化②

● **名前を呼ばれても反応をしないことが多くなった**
聴力の低下により、呼ばれても反応しなくなったり、急に触ると驚いたりすることがあります。そのことから、一緒に住む飼い主や動物の急な動きにびっくりしてしまうこともありますので、注意してあげましょう。

● **食欲がなくなった**
嗅覚の低下によりごはんの匂いを感じとる機能が薄れ、ごはんに興味がなくなることもあります。その場合は、ドライフードならお湯でふやかしたり、ウェットフードを混ぜてあげたりして匂いを増す工夫をしてあげるとよいでしょう。

● **おもらしをするようになった**
おしっこをためる筋肉が低下し、おもらしをしやすくなります。うまくトイレでできなくなることもあります。

●運動を介助するには

完全に寝たきりになる前に、筋力を少しでも維持しつつ自力歩行ができるよう歩行介助をしながら運動させます。支えが必要であれば、自宅にある布とひもで、腰のあたりを保持するベルトを作るとよいでしょう。

足もとが安定しない、一定方向にまわりながら歩く老犬にはエンドレスケージがお勧めです。右頁の写真のような形であれば比較的安全に過ごせます。バスマットなどを組み合わせ、手作りすることも可能です。

寝たきりになったら
寝たきりになると、床ずれなどができやすくなるため、一定時間ごとに寝返りを打たせましょう。その際、大切なことは必ず抱き上げてから、反対側に向かせることです。背骨を中心とした寝返りは、身体への負担が大きいので止めましょう。

認知症になった老犬が部屋の中で傷つかないように飼い主は、いろいろな工夫をします。高額商品を買わなくても、手作りで十分対応できるものもあり、介護生活を楽しむエッセンスにもなります。

ぶつかっても痛くないよう、椅子の足やテーブルの脚に巻物をする

来客が頻繁に来る家であれば、もう少し見栄えを気にしたいところですが通販商品などがくるまれてくるエアーキャップなどをテーブルや椅子の脚に巻きます。もう少し症状が進むと、我が家では小さなクッションなどで脚を囲んでそばに行かないようにしました。

足が踏ん張れなくなったら、滑らない敷物を敷く

自力で立つのが難しくなったとき、ヨガマットを試してみました。すると足が滑らないので立ったり座ったりが楽になり、「立てない～」と呼ばれえる回数が減りました。安くて水洗いができることが魅力です。

目が見えなくなった老犬がケガをしないようペットサークルを使う

目が見えなくなった老犬が、目を覚ましていろいろな所にはまりこみ、泣き叫んでしまうことがあり、ペットサークルを購入。中にはヒトの赤ちゃん用のおねしょシーツを敷きバスタオルなどをかぶせます。お気入りの品物に囲まれればぐっすりです。

Point イヌの健康情報を排泄物から読み取ります

8 老犬観察：排泄物の変化

●排泄物の変化「いつもと違う」がカギ！

おしっこやウンチには、健康状態をみるための情報がたくさん詰まっています。ポイントは、「なんかいつもと違うかな……」と気がつくことです。その飼い主の気づきが、病気の早期発見につながります。そのためにも、いつもの状態をよく見ておくと良いでしょう。

［おしっこの変化］

散歩の時に外でおしっこをしたり、室内でもペットシーツにしている場合は、色やにごりなど微妙な変化になかなか気がつかないことが多いものです。使い捨てのコップやプラスチックトレーなどを使ってイヌが排尿しているときに採取し、定期的に観察することをお勧めします。動物病院に検査をしてもらうときは、清潔でしっかり乾燥させた容器で採尿して持って行きましょう。汚れていたり乾燥させていない容器を使用すると、尿検査に影響が出てしまう場合があります。また、採尿したらなるべく早く検査してもらうことをお勧めします。

●量や回数が増えたり、減ったりしてきた

これまでと比べて量が多くなったり、逆に少なくなったりしていないか、おしっこの回数も増えたり減ったりしていないかをみてみましょう。

●トイレの時間がいつもより長い

尿を出す筋肉が衰えてくると、きちんと尿を出しきれないことがあったり、少量ずつ排尿したりするため、尿をしている時間が長くなることがあります。また、［行動の変化］にもあるとおり、筋肉の衰えから尿をがまんできなくなり、おもらしをしやすくなります。

●色が赤っぽい

赤い色の尿は血液が混ざっており、いわゆる「血尿」であることが多いです。血尿の場合は、泌尿器や生殖器での出血が考えられるほか、中毒など全身性の疾患が原因のこともあります。

●濁っている

尿に粘液や細菌、多数の細胞が混ざっている場合は、通常透明な尿が濁ってみえます。高齢になると、免疫の低下により膀胱炎になりやすくなり、濁ってみえます。

●キラキラしている

尿をみるとキラキラしている場合は、尿の中に結晶がある場合があります。そのままにしておくと結石ができ、腎臓や膀胱、尿道などを傷つけたり詰まってしまうこともありますので、気がついたら動物病院で検査してもらいましょう。

●臭いがいつもと違う

尿に病気がみられるときは、いつもと比べて臭いが強かったり、甘い臭いがしたり、すっぱい臭いがしたり、鼻にツンとくるような臭いが強かったりする場合があります。目だけではなく鼻も使ってイヌの健康をチェックしましょう。

●採尿方法
一般的に家庭で試されている方法です。無理せず、獣医師に相談しましょう。

腰を持ち上げ、おしっこを促し、容器にとります。

しゃがんだ体勢が楽な子は、腰のあたりを支えて、おしっこを促し、容器にとります。

[ウンチチェックの変化]

ウンチの変化は、見た目だけでなく硬さやウンチの中にも表れてくるもの。ウンチをビニール袋や使い捨ての割り箸などを使って割り、硬さやウンチの中の色や混入物もチェックしましょう。動物病院へ検査してもらうときは、ティッシュには包まずきれいなビニール袋やプラスチック容器に入れて持って行くようにしましょう。ティッシュにウンチの水分が吸収されたり、ティッシュがくっついてしまったりして排泄された状態のウンチがわかりづらくなってしまいます。

●ドロッとゆるい

高齢により大腸の水分吸収機能が衰えると、軟便になりやすくなります。

●コロコロと硬い

水分摂取が少なくなったり腸の動きが弱くなると、便が硬くなることもあります。硬い便や直腸・お腹の筋肉の衰えは、便秘を起こすこともあります。水分摂取と適

度な運動を心がけましょう。また、お腹を「の」の字に時計回りでマッサージすることも効果的です。

- **消化されていないものが混ざっている**

消化機能が低下してくると、消化されていないものが出てくることがあります。消化しやすいフードに変えてみても良いでしょう。

- **色が赤っぽい・黒っぽい**

大腸からの出血の場合はウンチの中や表面が赤っぽく、胃や十二指腸などの消化管上部からの出血の場合は黒っぽくなります。ウンチを割って中を確認し、そのような色が見られる場合は動物病院で検査をしてもらいましょう。

- **ゼリー状のものが混ざっている**

腸の粘液や粘膜が混ざっている場合、ゼリー状のものが混ざってみられます。このような場合が続くときは、動物病院で診てもらいましょう。

- **臭いがいつもと違う**

いつもと同じフードの場合、臭いは同じもの。同じフードを食べているのに臭いが違う場合は、腸に問題があることがあります。腐った臭いやすっぱい臭いなどに注意しましょう。

●ウンチの取りかた
一般的に家庭で試されている方法です。無理せず、獣医師に相談しましょう。

自力で出にくいときは、肛門を綿棒や温かい布で刺激して排便を促し、ペットシーツの上にさせ、容器に移します。

立てる場合、排便の体勢になったら後ろに回り、トイレにとります。

老犬の最期と飼い主 編

第9章

安楽死との向き合いかた

この章では、愛犬が重篤な状態になったとき、医療とどう向き合うかについてまとめました。獣医師とのコミュニケーションの取りかたや、セカンドオピニオンについてなど、そのときになって焦らずに考えるための術を身につけましょう。

執筆／川添 敏弘

Point 動物病院でのコミュニケーションの取りかた

9 老犬と死 治療の延長線として

●安楽死とは

安楽死とは苦痛の少ない方法で人為的に死に至らせることです。病気による身体的な苦痛やそれに伴う精神的な苦しみから解放することを目的として行われる行為で、安らかな死をもって苦痛から解放することであり、しばし尊厳死と混同されて用いられています。

尊厳死とは、ヒトとしての尊厳を維持したまま死を迎えさせることです。病気による身体的および精神的な不調のために、生きていくこと自体が自己の尊厳を傷つけていく場合に、死を選択すること指します。つまり、安楽死が安らかな死を迎えるための「手段」であるのに対し、尊厳死はヒトとしての威厳を保ったままで死を迎えるという「選択」を示しているのです。

安楽死と尊厳死の違い

安楽死	安らかな死を迎えるための「手段」
尊厳死	威厳を保ったままで死を迎えるという「選択」

●動物病院での安楽死

ヒトを対象とした医療と動物医療で大きく違うのは、本人と言葉によるコミュニケーションが取れるか、取れないかにあります。本人の本当の意思がわからない以上、あらゆる選択肢は飼い主にゆだねられることになります。そして、専門知識を持たない飼い主は、獣医師から得られる知識で判断し、言葉を持たない動物の代弁者となって決断をしていかなければならないのです。

ヒトの場合、重篤な状態になりホスピスなどで緩和ケアを受ける場合には、医師と看護師以外にも心理ケア専門のスタッフ、薬剤師、リハビリテーションの専門家、さらにQOL（生活の質）を維持するためのさまざまな人的環境が整えられています。一方、動物病院には、通常、動物医療の専門家である獣医師と動物看護師、事務員しか存在しません。動物病院に心理ケアの専門職は不在ですが、スタッフ全員で飼い主の心理的サポートまで担うことを心がけています。

イヌが重篤な状態になったとき、飼い主は動物の代弁者となって安楽死を含む治療方針を決断していかなければなりません。その決断のための支援として、専門知識を提供する獣医師以外にも、動物をケアしている動物看護師が詳細な健康状態を伝えてくれ、スタッフ全員が飼い主を心理的に支えようと努力します。

●安楽死が思い起こされるケース

獣医師は、治療に対して反応が認められず、動物の状態が悪くなっていき、苦痛の様相が明らかな状況にある場合に安楽死を思い起こすことになります。その際、獣医師は、飼い主の様子を見ながら次の方針を選択します。選択肢は主に下記表の3つに分けられ、いずれにせよ、丁寧な説明と「飼い主の決断」が必要です。決断ができないケースでは、獣医師は強く説得することなく治療を継続していくケースが多く見られます。

安楽死が想起される場合の獣医師の選択肢

1	このまま治療を継続する（経過観察を含む）
2	治療を止め、緩和ケアに移行し、自然死を迎える
3	安楽死をすすめる

●獣医師による安楽死への考えかたの違い

当然のことですが、獣医師によって安楽死に対する姿勢に下記表のような差が認められます。元気になる可能性がないと判断するケース、動物のQOLが著しく低下しておりその状況を長引かせたくないケースなど、すぐに死亡する状況でなくても積極的に伝えようとする獣医師がいる一方、「自分に命を終わらせる権利はない」と考え、最期まで希望を捨てない獣医師も存在します。近年の傾向としては、病気の進行の中で選択肢のひとつとして慎重に示していく獣医師が多いようです。これは状況をしっかりと理解し、飼い主に選択してもらいたいという思いが反映しているのではないでしょうか。日常診療から十分な説明をし、飼い主が治療の内容についてよく理解し、合意している（インフォームド・コンセント）ことが重要であり、それらを遂行している獣医師が増えているようです。

安楽死に対する獣医師の姿勢の違い

1	積極的に伝える獣医師 「元気になる可能性はない」「辛い思いを長引かせたくない」
2	決して伝えない獣医師 「最期まで希望を捨てない」「命を終わらせる権利はない」
3	病気の進行の中で、慎重に示していく獣医師 「状況を理解し、飼い主に判断してもらいたい」

Point よく話し合うことが後悔しない唯一の方法

9 獣医師とのコミュニケーション

●インフォームド・コンセント

獣医師が治療方法を一方的に決めるのではなく、飼い主に対して、治療方法や予後などについて十分説明し、合意が得られたうえで治療を行うことをインフォームド・コンセントと言います。飼い主の視点からだと、自分の自由意思に基づいて獣医師の治療方針に同意すること（または拒否すること）であり、それに基づいて獣医師に治療を依頼することになります。獣医師の立場からの説明の内容としては、取り得る治療方法と各々のメリットとデメリット、成功率、費用、予後など詳細な情報を開示し、飼い主に治療方法を納得してもらうことが重要になります。

飼い主が納得しない場合は、インフォームド・コンセントに併せて、セカンド・オピニオンを求めることが必要なケースも考えられます。

●セカンド・オピニオン

飼い主がどうしても治療方法について納得がいかない場合や、他の選択肢を求めている場合は、獣医師にセカンド・オピニオンを紹介してもらうことも大切です。セカンド・オピニオンとは、飼い主が納得いく治療方針を選択できるよう、治療の進行状況や次の治療段階について違う動物病院の獣医師に意見を求めることです。獣医師は、飼い主の権利であるセカンド・オピニオンに対する理解を示し、ときには積極的に紹介していく必要があるとされています。また、第三者を介することもいとわない診療姿勢は、信頼できる獣医師であり動物病院であると思われます。

▼かかりつけ動物病院を選んだ理由

項目名	回答数	構成比
家から近い	2701	57.2%
獣医師がよく話を聞いてくれる	2323	49.2%
獣医師の説明がわかりやすい	2320	49.1%
獣医師が自分やペットのことをよく理解してくれている	1852	39.2%
受付の対応がよい	1713	36.2%
よい評判を聞いて（お散歩仲間から口コミで）	1567	33.2%
動物看護師の気配りがよい	1531	32.4%
診療日や診療時間が利用しやすい	1490	31.5%

参考：『ベッツワンプレス 2015 秋号（Vol.44）』より抜粋

●飼い主による違い

獣医師によって安楽死に対する姿勢に差が認められるように、飼い主によっても安楽死の受け入れかたが下記表のように異なります。たとえば、辛い思いを長引かせたくないと思っている飼い主は「安楽死の選択をはっきりと伝えてほしい」と思っていたり、インフォームド・コンセントが十分でなかったケースでは「予後を明確に伝えてほしかった」と述べられることがあります。

その一方で、安楽死という言葉を聞きたくないと思っている飼い主も多く存在します。「最期まで希望を捨てたくない」「獣医師に匙を投げられると絶望しか残らない」と感じてしまうこともあるのです。

安楽死に対する飼い主の姿勢の違い

1　はっきりと伝えて欲しいと思う飼い主
「辛い思いを長引かせたくない」「予後を明確に伝えて欲しい」

2　安楽死という言葉を聞きたくない飼い主
「最期まで希望を捨てない」「匙を投げないで欲しい」

3　自分のタイミングで覚悟を決めたい飼い主
「心の準備をする時間も大切」「決断するときは自分自身で」

●コミュニケーションの大切さ

ペットがコンパニオン・アニマルと呼ばれるようになり、家族同様に生活している中で、飼い主のペットへの深い愛情が動物の死を受け入れることを拒絶してしまうケースが増えています。大切なペットの死を受け入れていくには、当然、心の整理をしていくための環境と時間が必要で、動物病院やそのスタッフの存在はその中心的な役割を担うと言っても過言ではありません。

獣医師や動物看護師は、可能な限り飼い主に寄り添い、より良い、後悔の生じることがない選択をしてもらえるようにコミュニケーションに努めています。

飼い主は、精神的な混乱を生じるでしょうが、納得がいくまで何度も説明を受ける権利を持っており、安楽死という選択肢が存在する場合、より密接なコミュニケーションが求められることは当然だと思われます。

Point 動物病院で実践されているさまざまなケア

9 緩和ケアと心理的サポート

●動物病院での緩和ケア

そもそも、動物に尊厳死は存在するのでしょうか。「動物としての尊厳とはなんなのか」については、論議があって然るべきもので明確にすることは難しいのですが、飼い主がどのように考えているかで尊厳死が成立する場合もあると思われます。目の前のペットの「尊厳を保って死を迎えさせたい」と思う飼い主の心情を否定することは誰にもできないからです。そこに寄り添う動物病院のスタッフは、当然、動物の尊厳を尊重する中で診療とケアを行っていくことになります。

●動物への緩和ケア

動物への緩和ケアは、動物の身体的な苦痛を取り除くことと心理的サポートを行うことの2つの側面から実施されています。

まずは、動物の身体的な苦痛を取り除くことを、獣医師の判断で実施します。そのためには正確なアセスメント（査定）が必要で、飼い主から伝えられる日常の様子や状態を含めた聞き取りが重要です。丁寧な診断が行われた後は、それに合わせた的確な治療と処置が選択されることになりますが、その際、延命治療よりも穏やかな時間を過ごすことができるような処置が優先されることになります。

動物への心理的サポートを行う場合、五感を意識して実施されます。視覚としては、できる限り恐怖刺激が入らぬよう視界を狭める布などを用いますが、飼い主などの姿は見える方が良いと考えられています。また病床時の動物は広い場所よりも狭い場所の方を好む傾向にあります。聴覚も同様に恐怖刺激が入らない方が好ましく、状況によっては、入院室以外の安心できる別室でクレートの中で過ごしてもらうことも相談するとよいでしょう。嗅覚と触覚に関しては、馴染みのある臭いや接触刺激があることが望ましく、家で使い古したベッドや敷物、場合によっては飼い主の臭いがついた靴下やシャツなども安心をもたらしてくれます。高齢で目が見えなくなった場合も、嗅覚は残っていることも多いことを覚えておきましょう。そして、口にするものから優先的に食べてもらうことも心理的サポートになります。

身体的な苦痛を和らげることは獣医師に任せるしかない場合が多いのですが、床材の工夫や寝返りの回数を増やすことで床ずれをつくらせないなど、飼い主でも可能な看護的介入は少なくありません。

一方、ペットの心理的サポートは、飼い主にしかできないことの方が多く、なにが好きなのか、今の機嫌は良いか、好きななでかたはどうなのか……。点滴が一番の薬

ではなく、飼い主と一緒に過ごす時間こそが良薬である場合も多くあります。緩和ケアは、在宅看護も含めて広い視野で考えていきましょう。

●飼い主への心理的サポート

飼い主への心理的なサポートを行うために、下記表のようにまず、動物の苦痛を和らげることが心がけられています。飼い主にとってもっとも苦しいことは、ペットが苦しんでいる姿を見ることだからです。

獣医師は治療や処置を施すことで、可能な限り苦痛の緩和した状態を維持するように努めています。そして、入院中、糞尿で身体が汚れたりすることでQOLが低下することも懸念されますが、飼い主がいつ来院しても大丈夫なように、そして、ペットたちが少しでも快適な状態で過ごせるように、動物看護師によっていつも最適な衛生状態に施されています。

動物の病気や治療のことは獣医師に聞けますが、体調を中心とした現在までの経過は動物看護師の方が把握していることも多く、飼い主の不安に寄り添ったり、思い出の話を傾聴したりしてくれます。さらに占いの結果やお守り、願掛けなどのスピリチュアル的な話にも耳を傾けてくれるのも看護師ならではの柔軟性です。また、獣医師に聞きづらい治療費の相談や理解できなかった獣医師の説明などへの対応も丁寧で、状況によっては動物看護師が支えになってくれることも多いと感じる飼い主も多く存在します。

動物病院の中には、診察室から離れた所に、相談をしたり、あふれ出る感情を落ち着かせたりする場所を提供してくれる施設もあります。飼い主が涙を流すことで気持ちを整理できることを動物病院のスタッフは知っており、全員で最期のお別れをする場所と時間の準備を進めながら緩和ケアは進んでいきます。

飼い主への心理的サポート

1　**動物の苦痛を緩和する（治療・処置）**

2　**動物のQOLを維持する**

3　**飼い主の心理社会的問題を援助する**
- ―動物のポジティブな気持ちを代弁してあげる
- ―不安に寄り添う
- ―スピリチュアルな問題にも寄り添う
- ―治療効果や治療費、今後の見通しについて丁寧に伝えていく

4　**静かに涙を流すことができる場所を提供する**

Point そのときのために知っておきたいこと

9 安楽死を選択するタイミング

●獣医療としての安楽死

安楽死を積極的に選択肢として示す獣医師であっても、簡単に安楽死を提示しているわけではありません。初診で安楽死を希望する飼い主がいても、その言葉に従うことはなく、基準は獣医師により異なりますが、とくに高齢動物の場合、下記表のように「治療に反応しない」「著しくQOLが低下し、激しい苦痛を伴っている」「延命が動物の苦痛を長引かせることになる」と判断した場合にのみ、安楽死を選択肢のひとつとして提示することになります。

安楽死の遂行にあたっては、獣医師も覚悟を持って決断し、飼い主が後悔しないように何度も丁寧に説明し、結論を急がせることはありません。繰り返しになりますが、安楽死は選択肢の中で行われるものであり、飼い主の決断なしに実行されることはないのです。もし、決断できない場合は、何度もしっかりと話を聞き、セカンド・オピニオンを求めることも含め、時間が許す状況であれば少しずつ心を整理しながら覚悟を決めていくことが必要です。

高齢動物で安楽死を選択するケース

1	臓器が不全状態になり治療に耐えることができない
2	認知症の症状によるQOLの低下
3	寝たきりによる二次障害（床ずれ、糞尿汚染など）
4	飼い主が十分なケアをすることができない

●高齢動物における安楽死

高齢動物では、重い病気以外でも安楽死を選択するケースがあります。たとえば、臓器の働きが弱くなっており、一般的な治療に耐えられない場合や認知症の症状によるQOLの低下が理由となるケースです。また、寝たきりによる二次障害で床ずれができたり、糞尿汚染などの衛生的な管理ができないことなども理由となります。

飼い主が高齢である、大型犬のため一人では十分な看護ができない、共働きで世話ができる時間がほとんどつくれないなど、理由はさまざまですが、飼い主による十分なケアができない場合も安楽死は選択のひとつになり得ます。その場合の安楽

死のタイミングは、「もう少し生きてほしい」と「生かしておくのがかわいそう」という飼い主の葛藤する気持ちのどちらが大きいかがポイントとなります。

獣医師が安楽死を選択する理由

1	治療に反応しない
2	著しいQOLの低下、激しい苦痛を伴っている
3	延命が動物の苦痛を長引かせることになる

●飼い主の決断と安楽死

安楽死を決断していく出発点は、まず、獣医師を信頼できているかどうかです。信頼できていないのであれば、やはり、セカンド・オピニオンを求め信頼関係を築いたうえで実施をしなければなりません。そこは妥協なく行動する方が良いと思われます。

獣医師を信頼していても、ペットの今後の見通しや治癒に向けての可能性、これから必要な治療費、自宅での看護にかかる時間など、病状をしっかりと理解できていなければ安楽死を選択すべきではありません。また、決断できていないのであれば、現状を受け止め納得できるまで獣医師と話をします。現状を受け止め納得したならば、時間をかけて心の準備をします。頭で納得していても心がそこに追いつかず、後悔を残してしまう可能性があるからです。すぐに決断しなければならないケースもありますが、緊急性がない場合は、セカンド・オピニオンを求めるなどして最後の決断に向けての取り組みを行う方法もあります。

動物の置かれた現状を受け止められないケースや頭で理解できていても心が追いつかないといった混乱状態になってしまうケースもあり、そういう場合は無理に決断せず、何度も獣医師から説明を受けたり動物看護師と話をしたりして、混乱している頭と心を整理しましょう。その経過中は、治療を継続するのか、緩和ケアに入るのかを決断する必要がありますが、結論を先延ばしする中でペットの病状が変化していくこともあり、見通しに対して気持ちが揺れ動くことがあることを覚悟します。そういう場合、獣医師との信頼関係がなければ、不信感が大きくなってしまいます。

獣医師を信頼し、病状も理解しているが、決断しきれず、何度も話し合いをしても混乱が治まらず、獣医師との話し合いも限界に達している場合は、やはりセカンド・オピニオンを求める方が良い場合もあります。もしかすると、獣医師の方から提案があるかもしれません。苦しい決断は先延ばしすると楽になりますが、その間もペ

ットの闘病状態は継続したり、治療費の負担が増えたりします。動物のQOLも大切ですが、飼い主のQOLの著しい低下は望ましいことではありません。

安楽死はベストの方法ではないかもしれませんが、セカンドベストとして受け入れざるを得ない場合があります。または、ベターな選択肢として受け止めていかなければならない場合もあるのです。そういう選択肢が存在する中での決断は、後悔をもたらすことにつながっていきます。しかし、いかなる状況であっても、選択した後は、「その選択肢は間違っていなかった」と信じる強い気持ちをもって欲しいと思います。そうしなければ、愛するペットの「死」に向き合った時間が心を大きく支配してしまい、その何百から何千倍と過ごした楽しい時間をないがしろにしてしまうからです。

ペットは、悩みぬいてくれた飼い主へ感謝しているはずです。楽しかった時間を思い出として虹の橋を渡っているに違いありません。大好きな飼い主が悲しみに溺れる状況よりも笑顔で過ごした日々を大切にしてくれることを望んでいるでしょう。

●おわりに

動物の安楽死は、動物の治療ができる国家資格を持った獣医師のみが行うことができます。しかし、安楽死に至るまでの緩和ケアや、飼い主が安心して預けることができる環境を整えている動物看護師の働き、そして、なによりも飼い主自身の決断があっての最期の処置となります。安楽死が好きな獣医師は、まず存在しません。獣医師は、飼い主の思いを理解しつつ、動物医療に携わる人間として、選択肢のひとつとして安楽死という手段を持っています。しかし獣医師の中でも安楽死に対する考えかたや姿勢はさまざまです。

決断を求められる飼い主は、納得するまで家族で話し合い、何度でも獣医師に説明をもらい、動物病院でもっとも長い時間、親身に看病や介護してくれる動物看護師とも話をするとよいでしょう。納得して処置されたはずの安楽死によって、飼い主が自身を責めることで苦しい思いを持ってしまうケースが少なくないことを、動物病院のスタッフは知っているからです。心が落ち着いたら、もう一度、動物病院スタッフと話すことで双方気持ちに区切りをつけることができる場合があります。

老犬の最期と飼い主 編

第10章

ペットロスと飼い主の心の準備

この章では、ペットロスとはどんなものか、そして立ち直るためにどのようなステップを踏むのかについてまとめました。愛犬と別れるための心の準備をし、そのときを迎えたときに受け入れられるよう、なぜペットロスになるか理解しましょう。

執筆／山川 伊津子

Point 家族を失うのだから悲しいのは当然

10 ペットロスになる原因

●愛犬との別れ

1970年代の欧米では、ペットを失って嘆き悲しむ人が多くみられるようになりました。1979年に「ヒトと動物の関わり」に関する初めての会議がスコットランドで開催された際に、ペットを失った飼い主についての話題で「Loss of Pet」が取り上げられ、「ペットロス」という言葉が生まれたとされています。

日本では、1990年代半ばに「ペットロス」として紹介され、マスコミでも大きく取り上げられるようになりました。

どんなに慈しみ、大切に過ごしても、ヒトより短命な愛犬との別れは避けようもなく、通常であれば飼い主が看取る立場となり、心に悲しみをもたらすのです。

愛犬を失った後は、まず「悲しい、寂しい」という心理的な影響が現れます。心理的に大きなストレス（喪失もストレスのひとつ）を受けると、眠れなくなったり食べられなくなったりする身体的影響が現れることもあります。症状が強くなると、外出がおっくうになる、ヒトに会うのが嫌だ、仕事や学校に行きたくない、行けないなどの社会生活に影響を及ぼすこともあります。ペットロスとは、これらの総体的体験過程ということができます。

大切な愛犬を失うと、具体的にどのような状態になるのか、またなぜペットロスに陥るのか、ここではその背景要因も含め解説します。

●ペットロスによる心身の変化

愛犬を失うと、自分にとって大切な存在、大切なものを失うという対象喪失により、ヒトの心や身体にさまざまな変化が現れます。

大切なものを失って悲しむことは当然の反応ですが、ペットの社会的位置づけが認知されていないことにより、当たり前のことを当たり前に悲しむことができない、悲しむこと対して罪悪感を感じてしまうことが、ペットロスからの立ち直りを遅らせる要因かもしれません。自分にとってかけがえのない大切なものを失い深く悲しむことを「悲嘆（ひたん）（grief）」といい、悲嘆による心と身体の変化を「悲嘆反応」と呼びます。

●感情的反応

愛する動物がいなくなった寂しさが、「自分だけが置いて行かれた」と言う孤独感につながり、悲しみ・寂しさ・孤独感が「怒り」という異なる感情として表れてしまうことがあります。また、自分自身の責任でペットが死んでしまった「罪悪感」として表れてしまうこともあります。

●認知的反応

亡くなった事実が分かっているにもかかわらず、本気で否定してしまう。本人に虚偽の自覚はなく、大切な存在を失ってしまったストレスから自分自身を守るための自己防衛反応と考えることができます。

●行動的反応

悲しいから泣く、その行為には「涙」という目に見えるもののほか、心の中にある悲しいと言う感情を身体の外に出す働きがあります。泣くことは悲しみというストレス解消の大きな助けになります。

●生理的・身体的反応

失った悲しみから食事が取れなくなったり、逆に過食になってしまったり摂食障害へとつながる可能性があります。また眠れなくなる、音に敏感になる、息切れのような症状が出てしまうこともあります。

悲嘆反応は個人差が大きく、あまり現れないこともありますが、反応があまりにも強かったり、長期間にわたる場合は専門家の支援を得ることが大切です。

●ペットロスに陥る背景要因

では、なぜペットロスになるのでしょうか？ ペットと飼い主、お互いがお互いを必要とし、支え合いながら良好な関係を保っている状態であれば「共生・共存」していると言えます。通常、このような健康的な関係性の中で、ヒトはペットから「心理的効果」「生理的・身体的効果」「社会的効果」を享受できます。しかし、このバランスが「支え合う状態」から「依存しあう状態」になってしまったとき、ヒトとペットの心理的関係がよじれたものになってしまうのです。

たとえば、飼い主が不在時に吠え続けたり、いたずらをするなど問題行動をする愛犬に対して「自分がいないと駄目なんだ……」と、自分の必要性を過度に感じ愛着の度合いを強めていく場合や、愛犬を世話することが生きがいとなり、愛犬がいない日常が考えられなくなってしまうと、この関係性は「共依存」と考えられます。

共依存とは"問題を起こすヒト（もの）"と、"ヒト（もの）を過度に世話することにより自己を維持するヒト"との関係性を示す言葉ですが、飼い主とペットの場合、"飼い主を必要とするペット"と"それを必要とする飼い主"と見ることができます。

ストレスの多い現代社会では、ペットへの愛着が深まる要因は多数存在します。飼い主とペットとの関係が強く、両者の関係が複雑になる傾向がありますが、過度に依存することなく健全な関係を維持することが望ましいと考えられます。

Point 少しずつ別れの準備をすることも大切

10 ペットロスへの準備

●ペットロスの悲嘆プロセス

悲嘆のプロセスには、いくつかの理論があり、アメリカの精神科医エリザベス・キューブラー＝ロスが著書『死ぬ瞬間』の中で述べている5段階説がもっとも有名です。

ペットロスの場合は、以下の4段階で説明されることが多く見られます。

▶ 第1段階：衝撃期

行方不明など想定外の別れに直面した際、心理的な準備が十分できておらずショックを受け、その別れを無意識に否定してしまうといった行動が見られます。まだ悲しみという感情が薄く、突然の大きなストレスに自己をどのように対処させればよいか、葛藤する時期です。

▶ 第2段階：悲痛期

ショックが一応治まり、あるいは予期していた別れが訪れ、深い悲しみ、思慕、絶望、怒りなどの悲嘆反応が大きく現れます。当事者にとってはもっとも苦しい時期で、周囲の支援と理解が不可欠です。

▶ 第3段階：回復期

ペットロスに陥った当初の激しい悲嘆反応は薄れたものの、まだ数々の悲嘆反応が続く中で、愛するペットがいない環境に適応していく時期です。思い出すのがつらくても、あえて亡くなったペットについて文章を書いたり写真を整理したりするという「悲嘆作業（グリーフワーク）」や「喪の作業（モーニングワーク）」を通して、死という既成事実を受け入れます。

▶ 第4段階：再生期

悲嘆反応がある程度治まり、日常生活がほぼ元通りに行える状態を指します。この時期に到達すると、新しいペットを迎えることも視野に入れられるようになります。

実際のプロセスとしては5段階、あるいは4段階の各ステージを行きつ戻りつ、さまざまに交錯しながら経過していきます。愛着や悲嘆反応がひとりひとり異なるように、ペットロスの悲嘆プロセスも個人によって違う形をたどるのです。

●ペットロスへの準備

人によっては何年も、何十年もその悲しみから立ち直れないまま過ごすこともあるペットロス。できれば喪失による悲嘆は複雑化せず、重篤にならないように、ペットと暮らす中で、別れに対してどのような準備ができるのか考えてみましょう。

●別れの自覚をする

よほどのことがない限り、通常は飼い主がペットを見送ることになります。愛着が深くなり、ペットが子どものような存在になると、わかってはいてもいつまでも一緒にいたいと望むようになります。「別れは必ず訪れること」「見送るのは飼い主の役目であること」を、いつも心のどこかに意識しておきましょう。

●過剰な依存をしない

ペットの世話をすることが生きがいになっているような場合、あるいはペットにより日常のストレスから癒されていたりすると、ペットなしには日常生活が成立しなくなる恐れがあります。ペットがいなくても、日々の生活を円滑に送ることができるような関係を日ごろから心がけましょう。

●ペット仲間を作る

自分のペットに対する気持ちを十分に理解してくれる友達をつくりましょう。ペット仲間であれば、相手にも大切なペットが存在し、同じ価値観を持って語ることができます。相手のペットに対しても思いやることができる関係づくりをしましょう。

●ペットロスについて知る

ペットロスについて一通りの知識があれば、実際にペットを失ったとき、その状況を理解し受け入れやすくなります。悲嘆反応が現れたとしても、今はこれでいいと受け入れることができるかもしれません。また、ペットを飼育していなくても、ペットロスについて知識があれば、ペットを亡くした人に対して、心ない言葉をつげることなく、相手の悲しみを理解することができます。

●信頼できる獣医師と納得できる治療

とくにペットの終末期に十分納得のできる医療行為を受けられず別れを迎えると、それが後悔につながり悲嘆のプロセスが長引くことがあります。日ごろから信頼できる獣医師や動物看護師のいる病院をかかりつけ医として見つけ、相談できる関係を築いておくことが重要です。

Point 誰もが同じように苦しむ現実を理解します

10 ペットロスとの向き合いかた

●ペットロスへの対処

どんなに準備していても、どんなに「ペットロス」について理解していても、愛するペットを失ったとき、飼い主は悲しみに襲われます。現実にペットとの別れに直面したとき、どう対処すればよいか。「悲しみの解放」と「心と身体の作業」という視点で考えてみましょう。

●悲しみの解放

愛するペットを失ったことで悲しむのは当然ですが、ペットは家族と言いながらも、ありのままの悲しみを表現できない社会が現実には存在し、苦しむ飼い主は多いと考えられます。涙を流すこと、つまり悲しみ、寂しさ、孤独感などネガティブな感情を「泣く」と言う行為で素直に表現することが望ましいです。また、ペットに対して同じ価値観を持つ友人と語り合うことも大切です。

●心と身体の作業

悲しみの解放の次に行いたいのは、無理のない範囲で元の生活に近づける努力をすることです。生活のリズムを取り戻し、身体のケアをすることで心のケアにもつながっていくと思われます。

そして、大切なことは心の作業で、失ったペットの存在を既成事実として受け入れ、心から悲しみ、悲しみと対峙するために「悲嘆の作業」「喪の作業」を行いましょう。大切なペットと暮らした日々は、二度と戻ってくることはありませんが、ともに過ごした時間と別れに意味を考えることにより、内面的な成長を遂げることができるようになります。

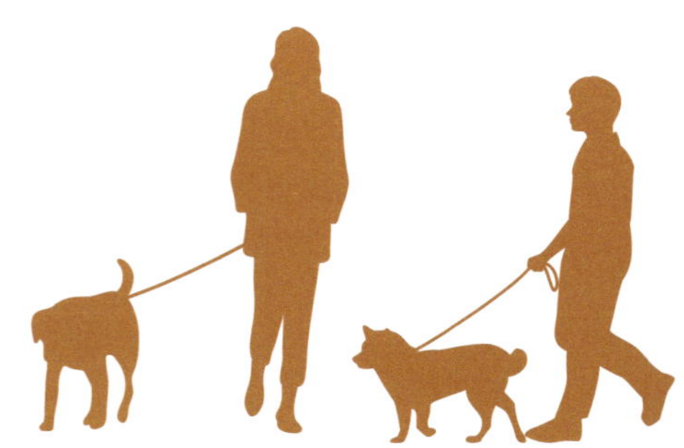

老犬の最期と飼い主 編

第11章

老犬ホームと愛犬の最期

老犬介護生活を手助けしてくれる老犬ホームやドッグシッター、そして愛犬を看取ったのち必要な手続きなどについてまとめました。いつかは来る別れの日、そのときになって焦らず愛犬を弔うことができるよう、必要な情報と手順を覚えておきましょう。

監修／新島 典子
（「老犬ホームとペットシッター」編は執筆）

Point もしも老犬の世話が困難になったら

11 老犬ホームとペットシッター

●もしものときの老犬ホーム

ヒトが老いて、家庭での介護・看護が難しくなったとき、老人ホームやデイサービス、ヘルパーさんなどさまざまな選択肢の中から、家庭の状況にあったものを選ぶことができます。では、イヌの場合はどうでしょうか？

かわいい盛りの仔犬もいずれはみんな老犬になります。もしも15年後、家族同様のイヌが認知症になり、シーンと静まり返る深夜の住宅街で遠吠え夜泣きを繰り返したら……、下半身マヒになって排泄コントロールができなくなったら……、飼い主は責任を持って自宅で最期まで世話をし続けることができるでしょうか。

飼い主が長期入院することになったら……、家族介護に通わねばならず留守がちになったら……、一体愛犬の世話は誰に任せるのでしょう。高齢飼い主が高齢犬を介護する「老老介護」も増える中、飼い主のこうした心配や不安に寄り添ってくれるのが、老人ホームの犬版「老犬ホーム」です。

日本で最初に「老犬ホーム」として認知された施設は、1978年（昭和53年）に北海道盲導犬協会が盲導犬としての仕事を引退したイヌたちが「ゆっくり楽しんで」過ごせるよう作ったもので、世界の盲導犬施設の中でも初めての試みでした。テレビなどでも取り上げられたので、ご存知の方もいるかもしれません。

その後、2000年ごろに起きたペットブームで飼育された犬たちがシニアになるタイミングで老犬専門の預かりをする場所が全国に見られるようになり、2018年現在、全国の老犬ホームの有料入居頭数は726頭（老犬ケア調べ）となっています。

2016年3月末時点の老犬ホーム入居頭数は209頭（老犬ケア調べ）ということを考えると、わずか2年で倍以上の老犬たちが預けられていることになります。

気になる費用ですが、2016年5月時点で、全国の老犬ホーム年間利用料金の平均は566,407円、最高額は1,620,000円、最低額は230,000円（老犬ケア調べ）であることを考えると、なかなか簡単には預けられないのが現状です。

●老犬ホームの問題点

全国各所で殺処分0件を謳う自治体が増えつつあるとはいえ、飼い主自身の入院や介護の問題でペットが飼えなくなり、保健所にペットが持ち込まれる事例はなくなりません。これに対応するためにイヌの里親制度も整備されつつありますが、幼さや若さに価値をおきたがる日本社会では、仔犬人気は高いものの、成犬あるいは高齢犬の場合、里親がなかなか見つからない現状があります。

　また、人間とは異なり、介護保険制度もない老犬介護では、すべてを飼い主自身が担わざるを得ません。そのため人知れず介護疲れをため、うつになる飼い主もいます。そこで、一時的でも終生預かりでも、飼い主が自由に期間を選び、世話のできないイヌを預かってもらい、その間に少しでも飼い主の疲れを癒してもらえるようにと、全国各地で老犬ホームが作られているわけですが、すべてのホームが運動場などのゆとりあるスペースを備え、十分な数の職員を雇えているわけではありません。中には劣悪な環境で飼育する例もあり、良いホームと悪いホームが混在し、まさに過渡期に象徴的な玉石混交状態です。

　そこで、老犬ホーム業界全体の質向上に向けて、老犬ホームの「質を担保する全国組織」として「一般社団法人老犬ホーム協会」が設立されました。

　同じ問題意識を持つ老犬ホーム全国5つの施設で協力し2018年2月に設立総会を開催。同協会は今後、老犬ホーム業の健全な発展を目指し、さらに社会貢献を行う予定としています。

●法律上の位置づけ

　動物の愛護および管理に関する法律の中に、仕事として、「動物の販売、保管、貸出し、訓練、展示、競りあっせん、譲受飼養を行う場合は、第一種動物取扱業の登録を受けなければならない。インターネット等を利用した代理販売業者やペットシッターなどのように、動物又はその飼養施設を持っていない場合であっても規制の対象になる」と明記されています。ペットホテルは「保管」、老犬ホームは「その他（譲受飼養）」というカテゴリーになり、その定義は「有償で動物を譲り受けて飼養を行う業」とあります。ペットホテルの延長で、老犬の預かりを行っている場所もあり、明確な線引きは難しいですが、業界団体の発足により「質」の向上が期待されます。

［老犬ホームの選び方］

　老犬ホームを選ぶとき、なにを優先するのか？ 飼い主がなにを求め、老犬になにを与えたいと思っているのか、優先事項を整理し探すといいでしょう。たとえば、「家から近い」「面会時間が比較的融通が利く」「設備が充実している」「獣医師が常駐している」「居住スペースが広い」「十分な人数のスタッフがいる」「費用が安い」など、見学に行ったり、利用者の感想を聞いたりして納得のいく場所を選びましょう。

［ペットシッターの利用］

　自宅で介護すると決めた場合であっても、もしものときに備えて、老犬を見てくれるペットシッターについて、近隣で頼める人がいるかどうか調べておくと心強いです。飼い主が病気になり日常的なケアが難しい場合やホームに預けるほどではないけれど、散歩などの手伝いがほしいときなど、時間単位で依頼できるのがペットシッターです。個人で開業されている方も多いので、動物取扱業登録の詳細を記載した「識別票」を確認の上、依頼するといいでしょう。

Point 愛犬が亡くなった時になにをすればいいか

11 供養の方法と必要な届出

●一般的になりつつあるペット供養

どんなにケアをしていても、必ず来るのが愛犬との別れです。愛犬との別れによって飼い主が抱える悲しい気持ちや心身の症状は、立ち直るのに時間がかかる人も多く、「ペットロス」という言葉が、日本でも認知されるようになりました。ただ、家族として慈しんできた飼い主にとっては家族でも、周囲の人たちに必ずしも理解されにくいこと、さらに家族であっても忌引扱いにならないなど社会における公的な位置づけはあくまでもペットです。

しかし、2000年代のペットブーム以降、ペットについても通夜や葬式と言った儀式を行う事例が見られるようになり、現在では、「ペット供養」をフランチャイズで展開している企業もあるくらい、一般的になってきました。大切な家族を見送るためにも、なんらかの供養を行いたいと考える飼い主が増えたからだと考えられます。

●愛犬が亡くなったときの弔いかた

昭和の時代には、ペットが亡くなると自宅の庭の隅に穴を掘って埋め、ありあわせの板に名前を書いて供養するといった形が普通でしたが、今の日本ではなかなかそういった場所を確保することも難しく、火葬で弔うことのほうが多いようです。

ひとつの方法としては自治体などにお願いする。こちらの利点は安価であることですが、その死骸は「一般廃棄物」になるため焼却炉で合同火葬となり、立ち会いやお骨を拾うことはできないそうです。費用は1,000円〜10,000円程度、自治体によって異なりますので気になる方は事前に調べておいたほうが良いでしょう。

もうひとつはペット専門の葬儀会社に依頼すること。通夜から葬式まで、オプションも含め選択肢が増え費用もそれなりになります。

愛犬を弔うためになにをしたいか、どのような形で見送りたいか、事前に家族でよく話し合っておいたほうがよいと思います。

●愛犬が亡くなったら

愛犬が亡くなったら、まず行いたいのが遺体を整え、きれいにすることです。まだ身体が温かいうちに普段通り眠っている姿に整えるとよいでしょう。そのとき、まぶたも閉じます。鼻や口、耳、肛門などの穴に脱脂綿を詰めて、分泌液が流れ出ないようにし、ぬらした布やガーゼで顔・体を軽くふき、汚れを取ります。毛並みを整えて、涼しい場所で保管しますが、お腹周りや頭に保冷剤を置き、腐敗を抑えます。遺

体は自宅にあるきれいな段ボールやカゴに、シーツや布を敷いて収めます。死後1時間半程度で死後硬直が始まるので注意します。

箱に安置したら、遺体を生前使っていたタオルなどで覆い、そのまわりにお花や好きだったおもちゃやフードなどで囲むように飾ります。

遺体を安置したら、祭壇を手作りし通夜をするのもよいでしょう。写真、蝋燭、お線香、ペットフードやお花を飾ります。祭壇を作ることで、愛犬の思い出を家族とともに振り返るよい機会となります。そして葬儀、埋葬の順で行います。

葬儀会社に頼むか、自治体などに個人で持ち込み火葬することも可能ですが、その場合、ほとんどの自治体・役所ではクリーンセンターや、一般廃棄物として扱うことが多く、合同火葬となるようです。お骨の返却も難しいため、家族でよく相談して選ぶとよいでしょう。埋葬についても、家族がお参りしやすい場所でペット霊園や納骨堂など、今はさまざまな選択肢があるのでよく相談して決めます。

手作りで祭壇を作りお別れの時間を作ります。

●登録関係届出方法

愛犬を見送ったのち、死後30日以内に自治体に犬の鑑札、狂犬病予防注射済票、愛犬手帳、犬の死亡（登録事項変更）届出書を担当窓口に提出します。

犬種登録団体の血統書を持っている犬の場合には、それらの団体に亡くなった事を知らせ、血統書を返却する必要もあります。またペット保険に加入している場合、保険会社に連絡し、亡くなったことを報告、保険の解約手続きをします。

体験コラム

動物献体

動物献体という言葉をご存知ですか？重篤な病気で亡くなったイヌのご家族であれば、もしかしたら獣医師から提案があったかもしれません。ヒトの献体同様、獣医学を学ぶ学生のために行われるものです。海外などでは動物献体制度を導入している研究機関も多いそうです。日本ではまだ定着していませんが、私は我が家のイヌを関東地方の大学に献体、病理解剖をしました。20歳の柴犬で、ある程度病歴も投薬歴も、食事の種類、飲んでいたサプリメントなどわかっているので、認知症の柴犬の治療に寄与するなにかが見つかるといいなと考えていたからです。本音としては、自分がイヌに対して行ってきた医療行為が果たして正解なのか、その答えを求めていたのかもしれません。もちろんそこには信頼できる方が担当してくださると言う大前提があってのことですが……

亡くなったあと、家族でお別れをし、お世話になっていた獣医師に最後のあいさつをしてから、シッターさんに大学病院まで同行していただきました。その夜のうちに、執刀してくださった先生から、解剖所見について説明があり「最後は苦しんでいなかったこと、老衰だったこと……」などなど。飼い主としては、ほんの少し気が楽になる報告をいただき、最期は苦しまず飼い主の腕の中で旅立つことができた、そう思える証明書をいただいた気分で、介護を手伝ってくれた89歳の母とともに涙しました。

なんて残酷なヒトと思う方のほうが圧倒的に多いかもしれません。もちろん批判されるのは覚悟の上での病理解剖だったので、聞かれればだれにでも病理解剖や、動物献体の重要性はお話しするようにしています。症例がもっとたくさん集まり、それに対し効果的な治療方法を試せるだけの研究成果をあげることができれば、柴犬の認知症で悩む飼い主が減るかもしれないし、飼育しにくくなったと老犬になって手放されるイヌが減るかもしれないからです。イヌと暮らす中で、たくさんの医療従事者に支えられ、本当に最後まで手放すことを考えずに寄り添えました。これもまた、研究に寄与したたくさんの飼い主とイヌのおかげであると心から感謝しています。

その後、お骨を迎えに行ったとき、先生とともに解剖を担当してくれた学生さんとお話をする機会があり、その学生さんの真摯な対応に、この方が獣医師として一般の飼い主に向き合ったとき、飼い主のさまざまな思いを受け止めてくれたらいいなと心から願いました。

老犬の最期と飼い主 編

第12章

老犬介護に疲れた飼い主へ

老犬介護と向き合う飼い主の日常を改善するための方法についてまとめました。先の見えない介護の日々を、いかに過ごすか。家族とともに、老犬との日々を大切に過ごせるよう心理的なアプローチを試し、介護をひとりで背負い込まない工夫をします。

執筆／加藤 理絵

Point 老犬とともに過ごせる日常を大切にするために

12 老犬介護の覚悟と事実

●イヌの介護をするなんて……

「まさか自分がイヌの介護をすることになるなんて」という言葉を飼い主から聞くことがあります。自分の親の介護に関して、感覚的に驚きはないでしょう。なぜなら親の死や老いについて、私たちは生きている中である程度の覚悟を持つようになるからです。

イヌは飼い主よりも寿命が短いので、考えたくもないでしょうが、愛犬を自分の家族として迎えようと決めたときから、飼い主は「看取り」をする覚悟を強いられます。そういった意味で「いつかはこの子も天国へ行ってしまう日が来るのだなあ」と、ふっと思うことは日常の中であるものではないでしょうか？

ところが「介護」となると少し話が違ってきます。多くの飼い主にとって、イヌたちはかけがえのない家族です。そして、多くの飼い主にとって、その存在は「親」というよりは「子ども」に近いのではないでしょうか。そんな「子ども」のような存在であるイヌたちの「介護」をすることになるということを先だって考える飼い主は、じつは多くないのではないかと思います。

●心の準備ができない

愛犬が生活の中で少しずつ老いのサインを出し始め、飼い主の方も少しずつ覚悟をし始める、そんな心の余裕をもって介護に向けての心の準備ができれば、いちばんよいのですが、多くの場合は介護生活が訪れるまであっという間に時間が過ぎ、いつの間にか介護生活の渦中に入ってしまうというのが実情です。

このような場合、飼い主が介護生活の日々をやり過ごすことに精一杯になっているあまり、自分自身について振り返る余裕がなくなってしまいます。こうして、知らず知らずの間に、飼い主自身の心や身体が参ってしまうのです。

まじめで、愛情深い飼い主ほど、「子ども」のような存在であるイヌたちの介護において「できることは100%しなければならない」「手を抜くなど許されない」と考える傾向が強くあります。しかし、じつはこのような状況が長く続いてしまうと、介護されるイヌ、そして飼い主が共倒れになってしまう可能性が高くなってしまうのです。

●介護の鉄則

介護の鉄則は「力まず、緩く続けられる」ことです。介護生活は終わりが見えづらく、また終わりが来てしまうことは大切な家族との別れを意味します。こうした意

味から、介護の終わりをゴールと見なして介護に全力を尽くすという方向から、イヌと共に生きる人生の一日一日を味わいながら無理せず介護を続けていくという方向へ意識を変えることが重要だと思います。

●介護疲れを自覚する

老犬の介護に疲れていることを自分自身で自覚することが大事です。飼い主の中には「これくらい大丈夫」「みんながんばっているから」とがんばりすぎる人も多いのです。以下のサインを感じたら、赤信号の状態かもしれません。自分自身にこんなサインが見られたり、家族にこんなサインを見られたら「たいしたことではない」と思わず、周囲の人に相談や必要であれば専門家の力を借りましょう。

憂鬱感・落ち込み　気分が落ち込み、あらゆることに対して消極的になります。また、人と会うのが億劫になったり、話すのが面倒と感じたりします。周囲の出来事や話題に興味や関心がなくなり一人でいることが増えたり、思考がまとまらず仕事でのミスが増えたりします。さまざまなことに対し否定的に考えることが多くなり、とくに自分や将来に対し悲観的になることからひどい場合、自殺願望を抱くケースもあります。

不安感　介護をしているイヌの病状の今後の経過や、最悪の事態を考えての不安を感じるだけでなく、とくに原因が不明であるにもかかわらず、不安な気持ちがわき上がってきたりします。ひどくなると、発作のような状態が現れることもあります。

イライラする　周囲のあらゆることに対して神経質になり、騒音や物音が気になるようになります。些細なことで周囲の人や大切に思っている愛犬に対して「イライラ」してしまったり、またそう感じることに罪悪感を感じ、自分自身にイライラしたりといった悪循環が起こることがあります。

無気力、無感情　上記の症状がひどくなると、物事全般にたいし、関心がなくなり、感情も感じなくなってしまいます。愛犬に対して「愛情」が持てなくなってしまったり、無関心になったりすることもあります。

眠れない　いちばん出やすいサインのひとつです。ベッドに入ってもなかなか寝つけない、眠りが浅く、少し眠ってもすぐに目が覚めてしまう。また、早朝に目が覚めてしまうなど、ぐっすり眠れた感じがしない、すっきり感がないなどの症状です。

食欲がなくなる　食欲がなくなるということも大きなサインのひとつです。食事がおいしいと感じられなかったり、食べる量自体が減ります。そのため、体重が著しく減少してしまうこともあります。

疲れがとれない　眠れない、食べられないというサインと共に多く見られるサインです。とくに重労働をしたわけでもないのに、常に疲れや身体のだるさを感じたり、人によっては頭痛や肩こりなどがひどくなる人もいます。

Point 家族のコミュニケーションも大切です

12 介護を背負い込まない工夫

●介護を巡るポジティブ心理学的アプローチ

介護疲れを感じたり、周囲の人から指摘された場合、専門家に相談することは重要な選択肢です。前述したように、介護の鉄則は「力まず、緩く続けられる」ことです。責任感の強い飼い主ほど、介護に全力を尽くそうとします。その結果、心の疲弊が蓄積してしまい、疲れ果ててしまうのです。

愛犬の介護生活は心身ともに飼い主にとって負担が大きいものです。しかしながら、その介護生活も飼い主が愛犬と共に歩む人生においては貴重な時間であることを忘れてしまいがちです。大変な介護生活を経験する飼い主にとって、一日一日を味わいながら過ごすということは綺麗事のように感じるかもしれませんが、愛犬の立場からすれば、飼い主がいつも自分の病状を心配し、先の別れを憂い、自分自身のために疲弊していく姿を見ること、ともすれば自分との大切な時間を悲しい思いで過ごして終わってしまうことはとてももったいないと思うのではないでしょうか。

●ポジティブ心理学的なアイディア

ポジティブ心理学とは、従来の心理学がそうであったように、人の欠点や不足分、ネガティブな部分に焦点を当て、マイナスからゼロを目指すのではなく、皆さんの強みや可能性、ポジティブな側面に目を向け皆さんの心理的な状態を0からプラスの方向に進むことを目指す考えかたです。

●今日よかったことエクササイズ（ポジティブ感情を増やす）

多くの人が、自分の人生においてうまくいかないことについてよく考える割に、よかったこと、うまくいったことについて考えることをしない傾向にあります。もちろんうまくいかなかったことに対して、分析したり、その出来事や経験からいろいろ学んだり、うまくいかない原因を知り、それを回避するということには価値があります。しかし、悪いことに、私たちがネガティブな出来事に注意や意識を向けることは、不安や抑鬱感といった、ネガティブな感情を増やしてしまうきっかけを作ってしまうということになります。このようなことにならないようにするひとつの方法として、自分がよかったと思ったこと、うまくいったことを考え、その出来事についてじっくり味わうというスキルを身につけることがあります。

［方法］まず、毎晩寝る前に10分、このエクササイズに費やす時間を確保しましょう。そして、その時間に、今日うまくいったことを3つ書き出します。そしてそれらがど

うしてうまくいったかについて書いてみます。ノートを使ってもいいし、PCを使ってもよいでしょう。肝心なのは、自分が書いたものをきちんと記録に残しておくことです。

●介護を巡る家族間のコミュニケーションを改善するエクササイズ

愛犬を介護する上では、誰かひとりの人に介護の責任、実務が集中するのではなく、家族全員が協力し合いながら、また、家族以外の援助者の協力を経て行うことが理想です。しかし、なかなか現実は平等に介護の負担を負うことは難しく、家にいる時間が長い人が介護をし、疲れ果ててしまう事例が多く見られます。

介護者の心理的状況において、それ以上に大きな問題となるのは、介護を続ける中で、家族同士の関係性が悪化したり、家族関係が崩壊してしまうということです。実際、介護という問題に直面し、夫婦関係、親子関係が変化し、本来、幸せで安心できる家庭の場が、むしろストレスフルな場へと変わってしまうことがあるのです。こうなってしまうと、愛犬の介護自体が不可能な状況となってしまいます。

家族、夫婦、親子関係が良好であってこそ、大切な愛犬の介護も安心してすることができ、愛犬の介護を通して、さらに良好な関係性を構築をすることも可能になります。

家族間の関係や、家族間のコミュニケーションの問題には従来からさまざまな心理学的なアプローチが用いられてきました。ここでは、「積極的×建設的反応（ACR）」という方法を紹介します。この方法は、相手が自分にとってよい出来事（たとえば、ちょっとした成功や勝利など）について話したとき、それに対し、どのように反応するかということが重要です。私たちが、相手に対してどのように反応するかによって、相手との関係をよくするか、また、壊してしまうかが決まります。

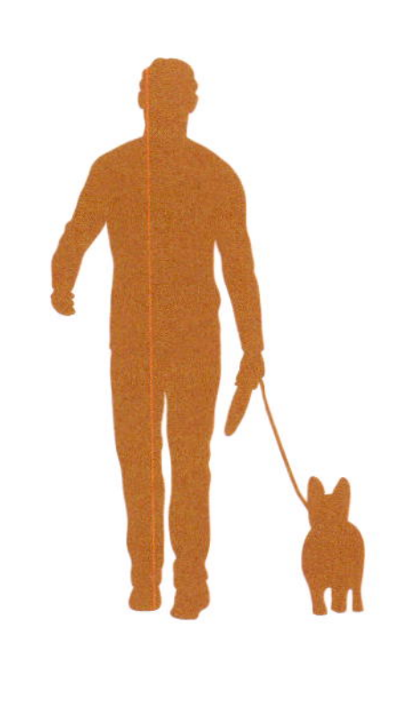

Point ともに過ごせる幸せを感じられるように

12 飼い主も心とカラダの健康を

相手の反応の種類には基本的には4つあります。しかし、相手との関係性をうまく持って行く作用がある反応はこのうち1つだけなのです。では実際どのような反応があるのかを見てみましょう。

積極的×建設的反応

まず、相手の話す、よい出来事について、自分がとても興味を持ち、熱心に聞いているという反応、そして自分がその話に対してとても興味関心を持っていることを積極的に相手に伝えるという反応を意味します。このように反応していると、自然とその出来事についての質問が生まれます。質問を投げかけることにより、相手はその出来事のより詳しい説明を述べます。そしてさらに相手が経験したポジティブな側面についての詳しい説明を聞くことになります。

受動的×建設的反応

表面的には相手を肯定し、支持しているように見えます。しかし、それを伝えることが控えめなため、相手を肯定していること、支持していることが伝わりにくく、わかりにくいという特徴を持つ反応となります。相手の話す出来事に対して質問することが少なく、やりとりが少なくなるため、相手は出来事の持つ意味について語る機会も少なくなります。

受動的×非建設的反応

相手が話すポジティブな出来事について、聞き手がほとんど、あるいは全く興味を示していない状態です。たとえば聞き手は話題を完全に替えてしまったり、相手のこと以外の話をしたりするということが挙げられます。

積極的×非建設的反応

聞き手は相手の話すことはきちんと聞いており、相手の話す出来事について関心を持ち、意見を返すという反応が見られます。しかしながら、聞き手は、相手の出来事に対して、ネガティブな部分について質問したり、コメントしたり、ネガティブな感情を見せたりします。

●積極的×建設的反応のエクササイズ

まずは1週間、自分が大切に思う相手（パートナー、親、子どもなど）の身に起きたよい出来事について、相手が自分に話してくれる度に、その話に対して関心を持ち、興味深く耳を傾けるという態度をとってみましょう。そして積極的に、相手がその喜ばしい出来事を自分と一緒に再体験できるよう、相手に頼んでみます（たとえば、そ

の出来事はどんな状況で起こったの？そのとき、どんな風に思った？これからどんなことができるようになるの？など）。

このエクササイズもはじめはなかなか難しかったり、気恥ずかしかったりして気が進まないかもしれません。でも、今一度、話し手が自分だったらと想像してみてください。大切な相手がいつもこのように反応してくれたら、相手に対してますます好意を持つようになりますよね？また、その人と一緒に多くの時間を過ごしたいと思うようになります。さらに、相手と共有する話題が大きくなります。同じように相手もそのように感じるようになるわけです。

介護生活はついつい目の前の出来事に一生懸命になるあまり、大切な人間関係についてなおざりにしてしまうものです。しかし、大切な人との円満な関係は、そのまま介護における前向きな気持ち、愛犬との幸せな時間を過ごす上で欠かせない重要な条件であると言えます。このエクササイズが皆さんのコミュニケーションスタイルを見直すきっかけになればと思います。

●愛犬と一緒にいる時間を味わうエクササイズ：セイバリング

ヒトは暮らしの中でポジティブな体験に意識を向けること、それを認識して、増幅させる力を持っていると言われています。どんな大変な状況にあっても人生において、良いと感じる出来事に気づき、味わうことで、自分の人生全体の幸福度を高めることができるのです。毎日が忙しく過ぎてしまう介護の生活の中では、このような出来事が見逃されてしまいがちですが、私たちは意図的にそれを見つけ味わうという選択も当然できるのです。

セイバリングとは、自分にとって心地よい行動や出来事をじっくり深く味わうということです。これらは日常生活においても簡単に実践ができます。たとえば、朝のコーヒーの最初の一口の前に香りを楽しみ、その苦み、ほのかな甘み、酸味などをじっくり感じ、のどからおなかにかけてじっくりあなたの身体を温めてくれる様子を感じながら味わうこと。その行為、体験の最中はそれに没頭するという気持ちで臨むことが大事です。それは忙しい日々の中ではとても難しく感じるかもしれません。しかし、このたった10分かからないこの贅沢な時間が増えていくことで、ゆたかな気持ちを味わうことが可能となります。これは、愛犬とのコミュニケーションの時間にも使える方法で、愛犬との間に流れる時間を大切にし、愛犬への愛情が高まり、愛犬が存在することの幸せを実感することへもつながります。

愛犬の状態や変化にはとても敏感であり、すぐに対処しようと行動できるにも関わらず、自分自身の心や体の変化についてはついつい後回しにしてしまう傾向があります。大切な愛犬のことを思う気持ちはとても尊いのですが、その愛犬にとって飼い主が元気で幸せであることほど重要なことはないのです。愛犬の介護の第一条件は飼い主の心とカラダの健康であるということをどうぞ忘れないでください。

体験コラム

獣医師との関係

子供のころ、我が家には「ころ」という名前の雑種犬がいました。ご近所さんからひとりで留守番をしている小学生の私がさみしい思いをしないように、親がもらってくれたイヌでした。

今から50年近く前の動物医療の実態がどんなものであったか、記憶も定かではありませんが、「ころ」がフィラリアにかかり、当時は治療薬もなかったため最終的には安楽死を両親が選択し、学校から帰ってその事実を知ったとき泣き叫んだ記憶があります。これ以上苦しませたくなかった……その判断が、子供の私には理解できなかったのです。それからイヌを家族に迎えたいと思うまで30年近くかかり、そして迎えたイヌと20年5か月暮らしました。

2匹目のイヌが長寿だったのは、小学生だった私ができなかった、たくさんのことを叶えてくれる獣医師とめぐりあい、必要不可欠な予防を適切に指導してもらった結果であることは間違いありません。

獣医師にイヌの症状を伝えるために、イヌの日常をメモし、尿検査や血液検査も半年に一度のペースで行う。もちろんフィラリアの予防薬は欠かさず、少しでも気になる症状があれば動物病院を受診する。

そして絶対にお金のために治療をあきらめたくないと思い、まだできて間もない動物保険にも加入、亡くなる前日までお世話になりました。

こんな神経質な飼い主、本当に嫌だと獣医師もイヌも思っていたかもしれませんが、今の自分にできることはすべてしたと思わせてくれる獣医師との関係が、イヌを看取ったのち、とてもありがたく感じました。

散歩の途中でも動物病院に寄りたがる

そして今また、9歳で迎えた我が家のイヌがシニアらしいさまざまな症状を見せるようになり、かかりつけの獣医師に相談することが増えています。

柴犬では経験しなかったトラブルが、病気なのか、加齢によって自然に出てくるものなのかわからず、気になったらすぐに動物病院に連れていくというスタイルは、今回も変わらず。獣医師や動物看護士の方々に温かく見守られて（半分呆れているのかも）いる心強さが、イヌとの生活を支えてくれています。

お役立ち資料室 編

この資料室では、本文で紹介できなかった情報をまとめました。とくに老犬介護を経験した飼い主のみなさんの話は、これから老犬介護をする飼い主や現在進行形の飼い主の方々に、なにかしらのヒントを与えてくれるのではないかと思っています。

執筆／間曽 さちこ（p.110～111、p.122～125、p.127）
堀井 隆行（p.112～121）　福山 貴昭（p.126）
老犬介護経験者のみなさん（p.128～135）

愛犬に合った「市販フード」選び

9歳のボーダーコリーの里親になったとき、最後まで自分で歩ける老犬を目指した食事をと考え、老齢のボーダーコリーを飼育している方々のブログや海外のサイト、獣医師に問い合わせK9Naturalに出会いました。

ヒトの保存食として用いられることが多い「フリーズドライ」製法をドッグフードに採用した、総合栄養食です。

この商品は穀物不使用で、ラム肉、牛肉、鶏肉と3つの種類があります。動物性のたんぱく源が1つなのでアレルギーを持つイヌにも選んで与えることができます。使われている原材料の90%以上（猫用は99.9%以上）に、ヒトが食べるのと同様の新鮮で安全な肉類を使い、"生食"を非加熱でフリーズドライにしています。そのため栄養成分が壊れず、豊富な動物性の「たんぱく質」や「脂質」が、分解吸収されやすい状態で、摂取することができます。また、ビタミンやミネラルなどの大切な栄養素や消化吸収を助ける酵素や乳酸菌などの善玉菌もそのままなので、とくに健康に気をつけたい老犬のカラダにも、優しく、しっかりと栄養が行き渡るフードです。

使い始めて4か月、目に見えるメリットは本人の食いつきがよく、うんちの量が少なくなりニオイが軽減されたこと。デメリットは……ほかのフードの3倍くらいの値段であることです。ただこれは、「サプリメントを与える必要がないくらい栄養価がある食事」を日常的に与えられることを考えると想定内であると考えています。

フード選びは、簡単なようで実はイヌの健康にいちばん影響があるものです。手作り食が苦手な方には、こうしたフードも選択肢のひとつです。

K9Naturalに使用される肉はすべてニュージーランド産で、成長ホルモン剤・抗生物質・サプリメントなどは一切使用していません。

愛犬に合った「アレルギー用市販フード」選び

アレルギー・免疫検査サービスを行っている会社が食物アレルギー用療法食を開発しました。イヌの食物アレルゲンは、「牛肉・乳製品・小麦・ラム肉・鶏肉・鶏卵・大豆・とうもろこし」などのたんぱく質です。

「ラボライン ピュアプロライン」は主原料のたんぱく源を1種類に限定し、その他の原料も、タピオカや菜種油などアレルゲンとなる可能性が少ないものを使ったフードです。処方食として動物病院にて購入可能なもので、チキン・サーモン・小麦の3種類があります。

パッケージに以下のようなアレルゲンに関連する特定の原材料の使用の有無について明記してあり、リストで確認することができます。

アレルギーに対する感受性は個体差があるため、獣医師による診察とアレルギー検査結果から、原因物質が特定できたらそれを除いたフードによる除去食療法をはじめます。最低でも1か月の経過観察と、定期的な検査が望ましいと考えられています。

イヌのアレルギー、初期症状は湿疹やかゆみなど軽度なものですが、重症化すると命にもかかわる病気なので、気になる症状があれば獣医師に相談し、早めの検査、適切なフード選びで愛犬の健康管理をしましょう。

ラボライン ピュアプロライン チキン

原材料：チキンミール、でん粉（タピオカ）、菜種油、セルロース、チキンレバーパウダー、フラクトオリゴ糖、ビタミン類（A、D3、E、B1、B2、パントテン酸、ナイアシン、B6、葉酸、B12、C、コリン）、ミネラル類（カルシウム、リン、ナトリウム、カリウム、塩素、マグネシウム、鉄、銅、マンガン、亜鉛、ヨウ素）、アミノ酸類（メチオニン、リジン、トリプトファン）、酸化防止剤（ローズマリー抽出物、ミックストコフェロール）、無水ケイ酸

老犬に役立つ植物由来成分（ハーブとアロマ精油）の紹介

近年、心と身体、環境などの全体的なバランスから生体の自然治癒力を高めることに着目した「ホリスティック・ケア」や、植物の持つ力に着目した「ボタニカル」が注目され、愛犬のケアにもハーブやアロマ精油といった植物由来成分を取り入れたいと考えている飼い主さんも多いのではないでしょうか。確かに、ハーブやアロマ精油は愛犬の健康維持やリラクゼーションなどのケアに役立てることができます。しかし、「植物由来成分＝絶対に安全」と安易に考えてはいけない部分もあります。そこで、ここではハーブやアロマ精油を安全に使うための入門的理解と安全性の高い製品を手に入れる方法について紹介します。

●ハーブとアロマ精油を安全に使うために知っておきたいこと

(1) ハーブとアロマ精油の違い

「ハーブ」と「アロマ精油」は、どちらも植物由来成分であり、ラベンダーやローズマリーなど一般の人でも知っている植物がどちらにも使われており、料理での活用において「ハーブ＝香草」という理解が一般的であることなどから、“ハーブとアロマは同じ”と同一視した理解をされる場合がしばしばあります。しかし、例え同じ植物種に由来していても「ハーブ」と「アロマ精油」は実際には異なるものです。

「ハーブ」とは、生活に役立つ植物の総称です。料理に用いる場合は「香草」となりますが、健康維持のために用いる場合は「薬用植物とその製剤」を意味することになります。ハーブ（薬用植物）の有効成分には、水溶性（水に溶けやすい）成分と脂溶性（油に溶けやすい）成分があり、その活用の仕方によって水溶性成分のみか脂溶性成分のみ、あるいは両方の成分を活用します。ハーブの製剤には、生や乾燥させたハーブを食べる方法、お湯に浸して飲む（ハーブティー）・つかる（ハーバルバス）・かける（ハーブのリンス）方法、アルコールやグリセリンで抽出した液を飲む方法、植物油に浸した浸出油を身体に塗布する方法などがあります。ハーブの種類や活用法によって注意点もありますが、基本的には濃縮性が低く、経口摂取が可能で、安全性が高いことが特徴です。

一方、「アロマセラピー」の「アロマ」とは「芳香」の意味で、その芳香の素になるものが「精油（エッセンシャルオイル）」です。精油は、水蒸気蒸留や圧搾、溶剤抽出などの方法で、植物から揮発性の高い脂溶性成分を濃縮抽出したものです。原液では刺激性が強く、希釈して用いることが基本となり、原則的に飲んではいけません。主な活用方法は、ディフューザーやスプレーなどを用いての空気拡散で、嗅覚や呼吸器系を

介して作用します。アロマバスやアロマシャンプー、アロマ石鹸、アロマママッサージオイル、アロマクリーム・軟膏などの活用法もありますが、イヌに用いる場合は舐めるなどして経口摂取をさせないように注意が必要になります。また、猫やウサギ、ハムスター、小鳥などのイヌ以外の小型ペットについては、代謝機能などの問題から精油による中毒を起こしやすく、危険であるという見解があります。イヌ以外の小型ペットが同居している場合には、アロマ精油の影響がイヌ以外の動物におよばないように注意が必要です。

ちなみに、アロマセラピーに関連して「ハイドロゾル」というものが紹介されることがあります。「ハイドロゾル」は、精油を蒸留精製する過程で生産される「精油の有効成分をわずかに含んだ水溶液」のことです。ハイドロゾルは、濃縮性が低いため、猫やウサギなどの小動物にも安全に使えるといわれています。しかし、保存に難があり、あまり一般的ではありません。

(2) 植物由来成分の使用上の注意

植物由来成分には、「天然成分だから安全」というイメージがあるように思います。しかし、ハーブやアロマ精油も基本的には安全であるとはいうものの、毒性(禁忌・副作用)がまったくないわけではありません。安全に活用するためには、「使用上の注意がある」ということを知っておきましょう。

最も重要なこととして、「適切な用量を守る」ということがあります。ハーブであれば多量摂取、アロマ精油であれば高濃度使用は、有害な反応(嘔吐・下痢・発作・皮膚炎・肝毒性など)を引き起こす危険性が高まります。ハーブのグリセリン抽出液などペット用に製品化されているものを用いる場合であれば、用量が記載されていますので、それをよく確認して使うようにしましょう。

より注意が必要になるのは、アロマ精油を使う場合です。アロマ精油は、基本的にヒト用・ペット用のように分けて売られているわけではありませんので、飼い主がイヌ用に希釈する必要があります。

希釈の考え方には諸説ありますが、一般家庭で安全を重視して使う場合は「ヒト(体重60kg基準)の25%の濃度に、イヌの体重を加味する」方法をお勧めします。例えば、体重10kgのイヌに使う場合は、ヒトの推奨濃度の1/4に、体重を加味した1/6をかけるので、1/24の濃度で使うということになります。また、イヌの体調や体質、病歴、投薬の状況、妊娠の有無などを考慮して使うことも重要です。例えば、高血圧のイヌに、血管の収縮を促して血圧を高めるような作用をもつローズマリーなどのハーブやアロマ精油を使うことには注意が必要ですし、キク科の植物にアレルギーのある

イヌにジャーマン・カモミールなどのキク科の植物由来のハーブやアロマ精油を使うことはアレルギー反応を引き起こす危険性があります。

植物の有効成分は、1種類の植物に1つではなく、複数あるため、期待する作用以外の作用も確認してから使うことを心がけましょう。

この本の中では、一つ一つのハーブやアロマ精油の作用や禁忌・副作用を紹介できませんので、お勧めの良書を1冊ずつ紹介しておきます。ハーブについては『ペットのためのハーブ大百科』、アロマ精油については『愛しのペットアロマセラピー』を読んでいただくと、優れた情報を得ることができます。

(3) 品質と保存法の注意

ハーブやアロマ精油を使う場合、その品質にはとくに注意が必要です。「ハーブ」、「アロマ」、「精油」、「エッセンシャルオイル」などの名前がつく商品のすべてが、「100%植物由来成分、天然素材」とは限りません。また、植物由来の有効成分は、亜種や栽培品種の違いでも変化しますし、植物種が同じだから一律に同じということもなく、自生地・栽培地、栽培法、気象条件などによって有効成分の含有バランスが変化します。そのため、アロマ精油であれば「オーガニック（ピュア）＝100%有機栽培植物から抽出」や「（100%）ピュア＝100%植物から抽出」の表記があり、原料の情報が産地等まで明記されており、成分分析結果が公開されていること、などが品質を考える目安になります。

一方、ハーブについても同様に、原材料情報（グリセリンなどの溶媒の情報も）が詳細に明記されており、用量・用法・使用上の注意・保存法が明記されていること、などが品質を考える目安になります。

いずれにしても、信頼できる入手先を知っておくことが大切ですので、次の項目で製品情報とともに紹介します。また、入手時の品質に問題がなくても、保存法が悪ければ変性してしまい、場合によっては毒性が出てしまうこともあります。

ハーブ抽出液やアロマ精油は、「冷暗所保存」が基本です。場合によって、開封後には要冷蔵にもなります。アロマ精油の場合、希釈溶液を作ることもありますが、その場合は遮光瓶など遮光性のある容器を使います（その場で使い切りの希釈でない場合）。当然、使用期限もあるので、よく確認しておきましょう。

●心と身体をサポートしてくれるハーブ・アロマ精油の紹介

「ハーブ」や「アロマ精油」を愛犬のケアに役立てようとする場合、“手作り”を意識する飼い主さんも多いのではないでしょうか。しかし、手作りをする場合には、相応

の知識と経験が必要になります。安易な手作りは、かえって愛犬を危険にさらす可能性があるので、まずは信頼できる既存の製品を活用することをお勧めします。

そこで、シニア期に役立つハーブのグリセリン抽出液を中心に、信頼できる製品と販売元を紹介します。ただし、あくまでも健康維持やリラクゼーションを目的とした紹介ですから、病気の治療のためには使わないでください。もし、病気に対して使用したい場合には、ホリスティック医療を行っている獣医師に必ず相談してください。

ハーブ抽出液の紹介

日本国内で信頼できるペット用のハーブ製品を取り扱っているのが、メディカルハーブ・オーガニックハーブの専門店「株式会社ノラ・コーポレーション」です。製品はWebショップ（http://www.nora.co.jp）から購入できます。本書では、ノラ・コーポレーション取り扱い製品のうち、『ペットのためのハーブ大百科』の著者の一人であるハーバリストのグレゴリー・ティルフォードさんが調合した「Animals' Apawthecary（アニマルズ アパスキャリー）」シリーズのグリセリン抽出液を紹介します。アメリカでもっとも獣医師に使われているAnimals' Apawthecaryは、ヤシ由来の天然植物性グリセリンで抽出したハーブ溶液で、自然の甘みがあり、舐めさせる・食事に混ぜるなど犬に与えやすいものです。

1.肝臓の働きをサポートしてくれるブレンド

肝臓の働きが衰えてきたイヌにお勧めなのが、「バードックプラス」です。解毒作用を高めるバードック（ゴボウ：キク科）、肝臓の強化作用のあるダンデライオン（セイヨウタンポポ：キク科）、肝細胞の再生を促進し抵抗力を高めるマリアアザミ（オオアザミ：キク科）、血液浄化作用や強壮作用のあるレッドクローバー（ムラサキツメクサ：マメ科）、栄養補給やコレステロール低下作用などに役立つアルファルファ（ウマゴヤシ：マメ科）、肝臓の保護作用や薬効増強作用のあるリコリス（カンゾウ：マメ科）がブレンドされています。老廃物の排泄や血液浄化などの作用は、泌尿器系のサポートにも役立ちます。

2.胃腸の働きをサポートしてくれるブレンド

胃腸の働きが不調なイヌにお勧めなのが、「マシュマロウプラス」です。粘膜保護作用のあるマシュマロウ（ウスベニタチアオイ：アオイ科）、粘膜保護作用と収れん作用、抗炎症作用のあるスリッパリーエルム（アカニレ：ニレ科）とオオバコ（オオバコ科）、抗炎症作用のあるリコリス（カンゾウ：マメ科）がブレンドされています。マシュマロウやオオバコの抗炎症作用は、腎臓の不調にも役立ちます。

3.循環器の働きをサポートしてくれるブレンド

心臓などの循環器の働きが衰えてきたイヌにお勧めなのが、「ホーソンプラス」です。心臓や血管の強壮作用のあるホーソン（セイヨウサンザシ：バラ科）、血流改善作用のあるイチョウ（イチョウ科）、血圧降下や栄養補給に役立つガーリック（ニンニク：ユリ科）がブレンドされています。ホーソンやイチョウによる血液循環の高まりは、腎臓や皮膚のサポートにも役立ちます。

4.関節のケアをサポートしてくれるブレンド

関節をサポートしたいイヌにお勧めなのが、「アルファルファ・ユッカブレンド」です。栄養補給に役立ち、抗炎症作用のあるアルファルファ（ウマゴヤシ：マメ科）、抗炎症作用があり、小腸を刺激することで栄養素の吸収を促進するユッカ（ユリ科）、抗炎症作用のあるリコリス（カンゾウ：マメ科）、栄養補給と老廃物の排出に役立つバードック（ゴボウ、キク科）がブレンドされています。

5.口腔のケアをサポートしてくれるブレンド

イヌの口腔ケアにお勧めなのが、「マウスフォーミュラ」です。これは、飲ませたり・食べさせたりするわけではなく、歯磨きの際に使います。多少の語弊はありますが、「飲み込んでも安全な歯磨き粉」だと思ってください。優れた抗菌作用のあるタイム（タチジャコウソウ：シソ科）、抗菌作用や抗炎症作用のあるフェンネル（ウイキョウ：セリ科）、抗菌作用や抗炎症作用、歯茎の引き締めに役立つ収れん作用のあるカモミール（キク科）とミルラ（モツヤク：カンラン科）、免疫強化作用のあるエキナシア（ムラサキバレンギク：キク科）がブレンドされています。

バードックプラス

マシュマロウプラス

ホーソンプラス

アルファルファ・ユッカブレンド

6.心の落ち着きをサポートしてくれるブレンド

臆病で苦手・怖いものが多く、緊張しやすいイヌにお勧めなのが、「バレリアンプラス」です。GABAの働きをサポートして神経の興奮を抑える作用のあるバレリアン（セイヨウカノコソウ：オミナエシ科）、神経の働きを調整するオート麦（エンバク：イネ科）、神経の興奮を和らげる作用のあるスカルキャップ（シソ科）、鎮静作用のあるパッションフラワー（チャボトケイソウ：トケイソウ科）がブレンドされています。愛犬が嫌だな、怖いなと思うことが起こる30分程度前に、頓服で飲ませると良いでしょう。

7.ストレスで弱った心身をサポートしてくれるブレンド

気分が落ち込んで、疲れやすく、あまり活力がないイヌにお勧めなのが、「エキナシアプラス」です。免疫強化作用のあるエキナシア（ムラサキバレンギク：キク科）、抗菌作用のあるオリーブ（モクセイ科）、ストレス応答の神経内分泌系の働きを正常化する作用のあるシベリアニンジン（エゾウコギ：ウコギ科）がブレンドされています。とくにシベリアニンジンは、その成分自体が弱いストレス刺激となって生体防御反応（免疫抵抗力）を高めるともいわれています。オリーブの抗菌作用が強いので、胃腸の衰えたシニア犬は下痢に注意が必要です。腸内細菌を健康に保つ食事やサプリメントと一緒に摂取すると良いでしょう。

8.シニア期を総合的にサポートしてくれるブレンド

シニア期のイヌを総合的にサポートしてくれるのが、「シニアブレンド」です。肝機能を高めてデトックス効果を示すダンデライオンとマリアアザミ、循環器系・腎臓のトラブルに対抗するホーソンとイチョウ、消化器系や泌尿器系をサポートするマシュマロウ、神経系と脳機能をサポートするオート麦とイチョウ、栄養補給と体力補助に役立つアルファルファとガーリックがブレンドされています。

マウスフォーミュラ

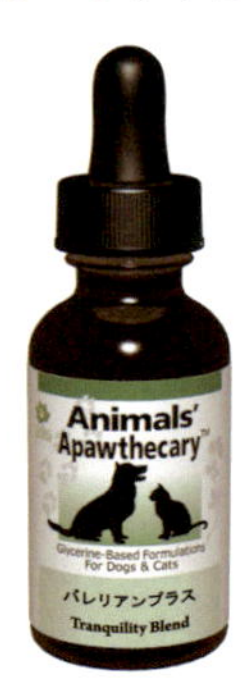

バレリアンプラス

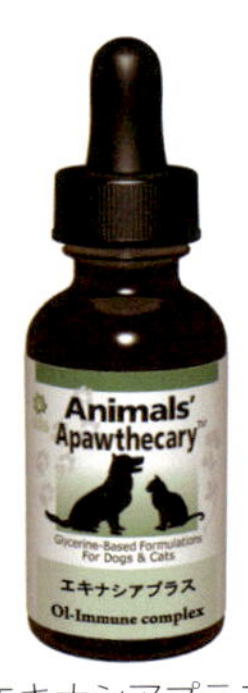

エキナシアプラス

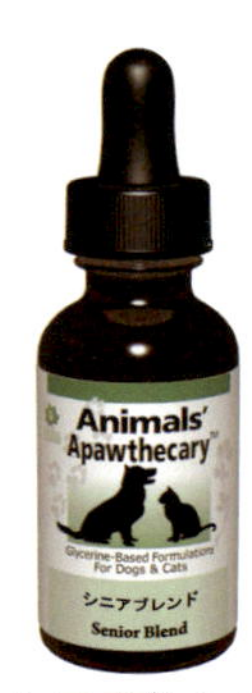

シニアブレンド

アロマ精油の紹介

日本国内で信頼できるアロマ精油の入手先を1つ紹介するとすれば「生活の木」です。愛犬のリラクゼーションを目的とするなら真性ラベンダーやスウィート・オレンジなど、活動性や記憶・集中力を高めることを目的とするならローズマリー・シネオール、レモンなどの一般的なアロマ精油から試してみるとよいでしょう。この真性ラベンダー、スウィート・オレンジ、ローズマリー、レモンのアロマ精油は、人の認知症予防への効果が報告されていますが、イヌの認知症の予防に効果があるかは定かではありません。また、ペットのノミ・ダニ避けに使いたい場合、よくシトロネラやティーツリーが用いられますが、使用量によっては中毒の危険性も報告されており、量の調節には注意が必要です。心配な場合は、レモングラスやゼラニウムで代用するほうが安全です。また、ティーツリーの虫除け効果についても賛否があり、むしろ虫刺されの炎症を抑える作用が本来期待される効果のようです。

アロマ精油を使ったイヌ用の製品で信頼できるものとして、「株式会社たかくら新産業」の「DOG AROMA」シリーズを紹介します。シニア犬向けのブレンドとして、「フ

フォーエバーヤング

香りの刺激で気力を向上させる効果の期待できるブレンドの商品。コンセントに差し込むだけでアロマが楽しめるタイプのアロマディフューザーに入っています。

エナジーオン

気力や活力を刺激する香りをブレンドした商品で、空間に数回プッシュしたり、布やティッシュなどにしみ込ませたり、清潔な手にスプレーして嗅がせたりして使用します。

ォーエバーヤング」という製品があります。活動性を高め、記憶や集中力を強化するローズマリー、精神的なバランスを保ち、集中力を高め、気分を爽やかにするバジル、精神を安定させるゼラニウムブルボン、気持ちを静め、気力を高めるレモングラス、強壮作用のあるメイチャンがブレンドされています。この製品は、空気拡散で使いますが、他に同居している猫などのペットがいる場合には、同様のブレンドのミストスプレーで「エナジーオン」という製品があるので、そちらを使うとよいでしょう。ミストスプレーを用いる場合、布にスプレーして、軽く振って溶媒のエタノールを飛ばしてから犬に嗅がせるとよいです。

他に緊張や不安を和らげるブレンドとして、「ミッシングユー」という製品があります。神経興奮を和らげる精油として有名な真性ラベンダー、気持ちを静める作用のあるマジョラムとプチグレンとカヌカ、気分を高揚させるメイチャンがブレンドされています。こちらも空気拡散で使う製品ですので、他に同居している猫などのペットがいる場合には、類似のブレンドのミストスプレーで「ストップバーキング」という製品があるので、そちらを使うとよいでしょう。

ミッシングユー

留守番のさみしさやストレスを緩和することを目的にブレンドされた商品。コンセントに差し込むだけでアロマが楽しめるタイプのアロマディフューザーに入っています。

ストップバーキング

神経質で興奮しやすいイヌのためにブレンドした商品で、空間に数回プッシュしたり、布やティッシュなどにしみ込ませたり、清潔な手にスプレーして嗅がせたりして使用します。

お勧め老犬グッズ

本文中にモデル犬に使ってもらったものは、HARIOの「ワンコトイレマット」です。シリコン製のフラットなトイレマットで、段差が5mmしかありませんので老犬も出入りしやすいものです。別売りで連結パーツがあり、L字型の壁掛け使用や連結して大判使用が可能です。別売りのメッシュもあるので、トイレシートを噛み千切るイヌや掘り返すイヌなどにも対応できます。ただ、やはりシリコン製ですので、大型犬の利用時にはずれることもありますし、トイレシートに対する噛み千切りや掘り返しの激しいイヌには脆弱性もあります。そのような場合に、しっかりしたものが良いという飼い主には、リッチェルのL型トイレトレーがお勧めです。自立式でメッシュ構造も頑丈です。また、オス犬の肢上げ排尿用のポールが別売りであるので、老犬になって排尿姿勢の修正に眼をつぶる場合は便利です。

ワンコトイレマット

L型トイレトレー

別売りの連結パーツ

肢上げ排尿用のポール

食生活のほうでは、HARIOのわんテーブルで、食器の高さと角度を変えることができ、食事を食べやすく、水を飲みやすくできます。併せて使いたいのがHARIOのチビプレシリコーンボウルで、シリコン製なので軽くて形状変化ができるため、食事介助に便利な上に、熱湯や電子レンジ加熱が可能なので、ふやかし食を作るときにも便利です。もうひとつ、リッチェルのペット用木製テーブルダブルは、食事と水の器を両方乗せられるので、わんテーブルを2個用意するよりは安価で済みます。

わんテーブル

チビプレシリコーンボウル

ペット用木製テーブルダブル

日常生活に便利なのは、PEPPYのくるくるウォーカーで、クッション材の間仕切りです。視覚や認知機能、足腰が衰えてきて物にぶつかりやすくなってきたときに便利です。撥水性でカバーは水洗い可能です。お風呂問題を解決してくれるリッチェルのペットバス、老犬になるとトリミングサロンで受入れを断られるケースも増えてきます。自宅でシャンプーをする場合に便利です。

日常の楽しみとしてはHartzのトイーツがお勧めで、認知機能の低下を予防するのに適した知育玩具です。老犬でも嗅覚を活発に使いながら楽しく健全に脳トレできます。もうひとつ、リッチェルのビジーバディツイストは日々の楽しみを提供し、ストレスを発散するのに適した知育玩具です。物を咥えることをあまりしない老犬でも、前肢で転がすことで楽しく遊ぶことができます。

くるくるウォーカー

ペットバス

トイーツ

ビジーバディツイスト

お勧め老犬グッズ プロ仕様

ヒト用の介護用品や、イヌのペットシートでおなじみのユニ・チャームから発売された介護が必要なイヌ用のサポート商品『ユニ・チャームペットPro』は、イヌの状態に合わせ獣医師と相談し動物病院で購入するタイプのものです。介護用マット、介護用デオシート、おしりまわり洗浄液、おしりまわり拭きの4つの商品だけですが、毎日のケアに絶対必要な4つです。寝たきりの老犬を介護する際、床の上にタオルやペットシートを敷き、その上で寝させていると、皮膚炎や床ずれ・関節炎、悪臭の原因になります。

20歳で亡くなった我が家の柴犬は、何種類かのベッドを昼間は使いまわし、夜は「魔法のベッド」と名付けた「からだ想いラボ™足腰・関節にやさしいベッド」を使っていました。「魔法のベッド」はproラインの一歩手前、足腰・関節のケアができるよう、最適な厚み・硬さがあり体圧が分散されるような設計で、快適な温度と湿度を保つように開発されたマットレスを使用した商品で、マットレスそのものはproラインと同じ素材が使用されています。20歳のお誕生日祝いにいただき、その日の夜から3時間は継続して眠ってくれるようになり、ずいぶん楽をさせてもらいました。

老犬介護でなにが辛いか、我が家の場合、夜中になると起きて部屋の中をくるくる歩きまわる時間が毎日続き、「老犬くるくる倶楽部」と名付けSNSなどで冗談めいて発信していましたが、正直1日でいいから、2時間でいいから眠りたいと思う毎日でした。シニアの入り口に足を踏み入れたときから、「体内時計を正常」にしたら夜の徘徊をしないと書いてあったので、その環境を求め引っ越しをし、毎日、朝日に当てて、できる限り昼間に散歩に連れ出すような生活を送っていたにもかかわらず、やっぱり夜中に起きて眠らなくなるんです。そうであれば、眠るのに心地よい環境を与えてあげたら、眠るのではないか。そのためだけに試してもいい老犬介護グッズがたくさんあります。あなたの愛犬の「魔法のベッド」、見つかるとよいですね。

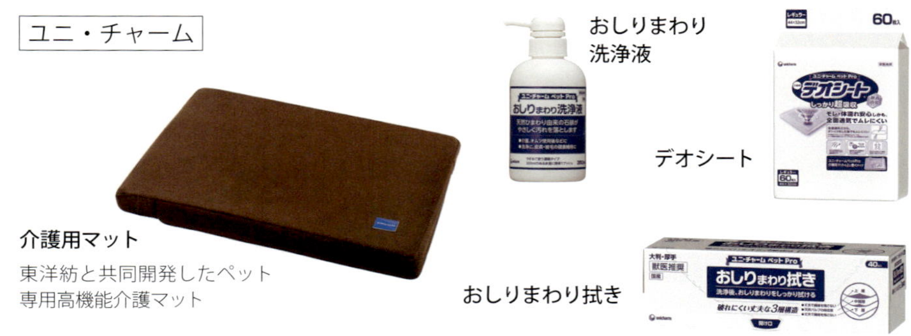

ユニ・チャーム

おしりまわり洗浄液

デオシート

介護用マット

東洋紡と共同開発したペット専用高機能介護マット

おしりまわり拭き

イヌ用コルセット・サポーター

ヒト用のコルセット・サポーターを30年以上製造しているダイヤ工業株式会社が、そのノウハウを活かし運動器疾患で悩むペットの手助けができる製品づくりを……という理念でスタートしたanifull（アニフル）ブランド。商品を気軽に試すことができる価格帯が魅力的です。

アニサポネック

首に触れると、鳴いたり怒ったりする場合や首をすくめているイヌ用の頚椎用サポーター。犬種に合わせて3段階の高さ調節ができます。軽量なため長時間装着が可能。

アニサポ ナックルン

引き上げ補助ベルトを使って、足の甲を引き上げる事ができるので、足裏を地面にしっかり付ける事ができます。

大型犬リハベルト

本体は3層構造で心材は柔らかいクッション、肌面は撥水素材なので、おしっこがついた時はサッと拭き取ることができます。持ち手は女性でも握りやすい大きさに設計しています。

わんコル アブソリュート

イヌの曲がった腰にフィットする、スーパーハードタイプの犬用コルセット。Boa® クロージャーシステムを搭載し、ダイヤルをくるくる回すことでワイヤーを巻き取り、フィット感を調節できます。

ペット保険

月々5,970円……10歳になったボーダーコリーのペット保険の掛け金です。これで年間20回まで、治療費が窓口で半額になります。この金額が高いと感じるか、安いと感じるか。とても健康なイヌであれば「無駄」でしょうが、もし何かあった時、治療費の支払いに対する不安を軽くしてくれる金額でもあります。動物病院を受診するタイミングは、ワクチン接種（狂犬病含む）・フィラリア予防と定期健診などですが、「下痢をした」「肢を引きずるようになった」「皮膚が炎症を起こした」と、日常的な体調の変化が気になる老犬の飼い主にとっては、割と安いかもと感じる金額かもしれません。

日本におけるペット保険の歴史は、1995年、「共済」というかたちでのスタートでした。2006年に保険業法の見直しが施行されたタイミングで、それまで根拠となる法律がなかった共済を運営・管理していた業者・団体が保険業法の規制の対象となりました。その後、新規参入の保険会社も増え現在では15社（2018年11月現在）がペット保険の取り扱いをしています。加入者側の興味としては、どこまで保障してくれるかという部分で、保険会社の業態についてはあまり興味がないところかもしれませんが、ペット保険を扱う会社には「少額短期保険会社」と「損害保険会社」の2種類があります。大きな違いと言えば、後者は万が一保険会社が破綻した場合に、損害保険契約者保護機構に加入しており補償対象契約の保険契約者等が補償の対象になっていることです。

現在推定される加入率は8%程度。最近のペットショップでは購入時ペット保険の加入を勧めるところが多く、加入する人は増えていると思われますが、飼育し始めて2～3年、ほとんど病気をしないからと保険を解約する人も多く「必要な年齢」になったときに加入できない、あるいは保険料が高額で驚いてしまうようです。

しかし動物病院の場合、ヒトの診療と違い、治療費が公正取引委員会によって基準を定めることが禁止されているため、自由診療となり、たとえ同じ薬でも値段が異なる場合があります。

公益社団法人日本獣医師会が平成27年度にまとめたデータによると、初診料が無料～17,500円、中央値1,386円です。こうした金額のばらつきが動物病院を受診することをためらわせてしまうひとつの原因かもしれません。

アニコム損害保険では「どうぶつ診療費ドットコム」という検索システムの運用を2018年から開始し、診療費の目安が品種別・年齢別・性別にわかるようになりました。試しに「柴犬・メス・10歳以上」で胃腸の病気で検索してみると、平均年間通院回数は2回程度、診療費は1,000～14,001円で、4,000円前後の病院が多いことが分かります。

下の表は2017年のデータをもとに作成された治療費の平均ですが、犬の体重ごとにみると、大型犬と超小型犬では治療費にかなりの差が見られました。アニコム損害保険のデータから算出された0歳から16歳までの年間診療費は30,892～172,396円となっており、平均寿命を全うすることを前提に計算すると医療費総額は120万円を超えることに。室内飼育が増えイヌの変化に飼い主が気がつくようになったこと、以前は治療できなかった病気が、最先端の検査法や医薬品の導入で可能となったこと、ドッグフードの高品質化などによりイヌの寿命が延びたことなどから、動物病院への受診率も高まり、治療費もそれなりにかかってしまうことが今後飼い主の負担となることは間違いありません。

2018年1月に亡くなった20歳の柴犬は、ペット保険の販売が開始されたタイミングで加入し、亡くなる前日まで保険のお世話になりました。いちばん多い月で、動物病院の支払いが8万円程度かかったことを考えると、保険なしでは十分な治療が行えなかったはずです。

もしものときに「治療をあきらめる選択ができるか」。その自信がないため、10歳のボーダーコリーも、家族になったその日からペット保険に加入しました。ちょうど半年経ちましたが、この間、保険の利用は4回です。平均寿命13歳程度と言われるボーダーコリー、これから少しずつカラダの不調が出てくると思われます。

そのときのための飼い主の安心材料としてペット保険、継続します。

	超小型犬 (5kg 未満)	小型犬 (5～10kg)	中型犬 (10～20kg)	大型犬 (20kg 以上)
病気や怪我の治療費	51,526	75,622	66,285	85,879

アニコム損害保険 2017 調査より

日本独自のペットイベント「お練行列」

春と秋の彼岸に開催される日本独自のペットのご祈願、ご供養のイベント、「お練り行列」を知っていますか？亡くなったペットのご供養をしつつ、今、側にいるペットの無病息災などを願うイベントです。

「お練り」とは、阿弥陀如来様が私たちを極楽浄土に導く「御練り供養」のことで、彼岸の中日に、東京都調布市にある深大寺動物霊園では、深大寺住職及び導師の先導の下、深大寺境内から萬霊塔まで列をなして歩きご祈願をします。参列する飼い主に半袈裟、共に参列するペットに金襴緞子衣装が用意されており雰囲気も楽しめます。半世紀を超える歴史ある動物霊園でのお練行列、日本ならではの素敵なイベントです。

一家族に一着、金襴緞子衣装が貸し出されます。

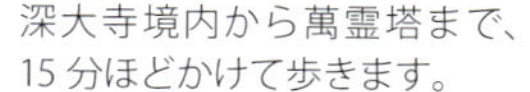

深大寺境内から萬霊塔まで、15 分ほどかけて歩きます。

飼い主とともに参加し、健康祈願するイヌ

日本的な愛犬文化

日本人とイヌの歴史は紀元前から育まれたもので、縄文時代になるとイヌとの関係はより密接なものとなり、子供がイヌを抱きながら埋葬されている例などが有名です。

時代により、狩猟犬であったり、愛玩犬であったりイヌの役割は変わりますが、現代では「家族」として扱われるのが普通になってきました。

そのため、イヌの健康を祈るために神社でお守りを買い求め、飼い主とイヌがお揃いで装着したり、換毛期の抜け毛を保存し愛犬をモデルにしたぬいぐるみを作ったり。亡くなった後は、愛犬の写真と足型と毛を使ったフォトフレームを作って祭壇に飾る人や、遺骨の一部や毛を入れて使用する小さなカプセルを身につける人もいます。

愛犬の毛を集め、市販の羊毛と混ぜて手作りした
愛犬にそっくりのぬいぐるみ。(写真：小町ママ)

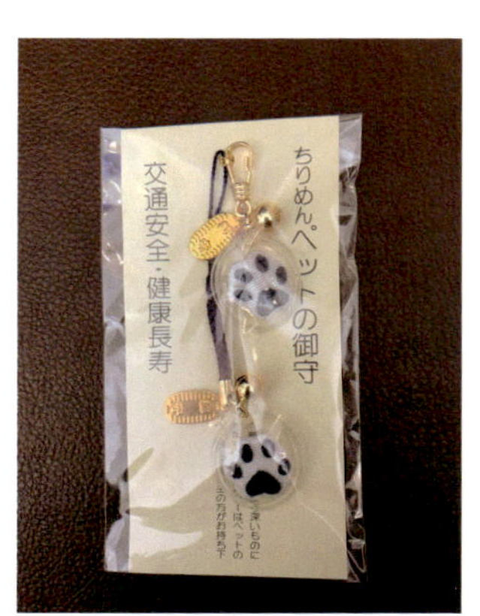

飼い主とイヌがペアで持つお守り。
(写真：りきママ)

ブラッシングのときに出た毛を集めて、ウール用洗剤で洗い同量
の羊毛とあわせて紡ぎ車を使って糸を紡ぎます。(写真:コタママ)

老犬介護日記

愛犬の衰えに気づいたとき、周りに相談できる人がいないときなど老犬介護を取り上げた本やブログなど、経験者の体験談を読みたくなるものです。
ここでは老犬介護の経験者に、ご自身の体験を自由に書いていただいたものを掲載します。
みなさんの貴重な体験談が、「老犬介護」の現実を考えるきっかけや、気づきになればと願います。

／べいのお母さん

べいちゃんの場合

べいは2歳と数か月で我が家にやってきます。ボーダーコリーとしては24キロと大きくガッチリして毛量が豊かなのが印象的なオス。外で暮らすことを引き継ぎ飼い主が心配するような気象状況も楽しみます。性格にも健康にも大きな問題もなく年に一度の健康診断（血液検査など）を通じて健康管理。8歳を迎るにあたり獣医師から動物保険をすすめられ加入。この選択はとても重要だったと振り返ります。

8歳の秋に喉になにかがひっかかるような咳に気づき受診。そこで「僧房弁閉鎖不全を原因とする肺水腫」と診断されます。利尿剤による肺水腫の治療と心臓への種々の投薬（ベトメディンなど）が始まりました。食欲旺盛で元気だったこともありセカンド・オピニオンを受けますが診断・投薬に変わりはありませんでした。寒い季節を挟んでの発症だったため飼育環境を外からじょじょに室内へと移行。それ以外の行動制限はとくにしませんでした。肺水腫快気後も生涯心臓への投薬は続きますが穏やかな日々を過ごします。

13歳を迎え完全室内でフリーで過ごすべいに最も気をつけていたのが誤飲。しかし事件は起こります。飼い主の留守中におやつとともに保管していた自らの薬（ベトメディン）をひと月分誤飲。全身麻酔で胃洗浄と入院治療で最悪の事態はまぬがれますがこれを境にべいの老いの形がくっきりと表れます。留守中の出来事に私の仕事のペースを見直しべいが一人になる時間を減らして行きます。

低空飛行ながらもべいは落ち着き15歳を迎えこんな日がずっと続くような気がしていました。ある春の日の夜に突然喀血し倒れこみ夜間動物病院に急ぎます。すぐさまかかえられるように検査・処置・ICUでたくさんの器械につながれます。心臓腱索断裂（のちに

不全断裂か）と診断され残された時間は数時間と告げられますが、朝を超えかかりつけ医のもとへ向かう。かかりつけ医は入院治療よりこのまま連れて帰って看取ることを薦められ飼い主もそれを望みます。帰宅してからはなによりべいを絶対にひとりでは逝かせないことを貫く。それぞれの獣医師が驚くほどべいは頑張ります。在宅で介護するために必要不可欠だったのが酸素。当初酸素ボンベをレンタルするが長期化に備え酸素発生器へと切り替えます。なにか新しい選択をいろいろするたびに「生きてる間に間に合うか」という緊迫した状況を何度も超えます。飼い主は食べさせること。飲ませること。排泄させることに全力疾走したように思います。痩せ細るべいに腹水胸水がこれでもかと溜まり続けはち切れそうなお腹を見かねて獣医師に水を抜くよう懇願。デメリットの説明も十分受けたうえで処置して頂きます。その後べいの意識は低下し垂れ流しになります。それまでは身体を横たえていても尿に関しては知らせ、外での排泄を訴えることが可能でした。それから数日が経過した11月3日夫の休日の日を選びべいは旅立ちます……あーすればこうすれば良かったという思いは尽きません。このとき飼い主は限界点にいたのは事実だと思う。その限界の日々はべいと最も近く貴重な時間だったと確信しています。あのときの重み香り表情全てが愛しくてたまりません。

小型犬のシニア介護も経験。比べられるものではありませんがボーダーコリーのシニア介護はその重さに伴いあれこれ大変だったのかもしれません。現在２代目ボーダーコリーのべべこと暮らしています。べいが教えてくれたあれこれをべべこに繋げて行きます。

ありがと。べい。愛してる。

/ 柴一家、凜父ちゃん

柴一家の場合

シニアの赤柴三匹（15歳母ちゃん、13歳父ちゃん、9歳娘）血の繋がった家族の生活です。最初に、母ちゃんが来ました。母ちゃんは一人っ子で、ブリーダーさんから「血筋がいいので気性が荒く、躾けるのはたいへんだよ、とくに初めては大変と思うよ」と言われた仔犬でした。でも私の次女が頑張って飼うといったので、我が家にやってきました。

確かに気性が荒く我儘で、流血事件は多数！でも徐々に慣れてきて、家族の一員になりました。雄犬を新たに飼って、仲間をつくれば穏やかになるかもという私の考えで、新しい仔犬、今の父ちゃんがやってきました。この父ちゃんは、多頭で産まれとても穏やかで愛嬌があり、母ちゃんと仲良くなろうと一生懸命アピールしました。しかし孤高の母ちゃんは、まったく相手にせず、ガウガウしてばかり、ほとんど仲良く遊んだことありません。

何回も父ちゃんは母ちゃんに雄としてアタックしましたが、そのたびにガウガウ、もう妊娠は無理かなあと思った母ちゃん5歳の時、なんと散歩から帰ってきて玄関でアタック！たった1回の自然交配で妊娠し、とても感動した一瞬でした。その後3頭が順調に育ちましたが、高齢出産と母ちゃんの性格から、育児放棄の可能性も獣医さんにいわれていました。

自宅で出産できるよう場所を用意して、いよいよ出産開始。1頭目が出てきて、母ちゃんが舐め世話をしましたが、残念ながら死産でした。その後母ちゃんは力が尽きてしまい、夜間動物病院に駆け込みました。母子ともに危ない状態だから緊急帝王切開となり心配して待ちましたが、なんとか無事2頭産まれました。家に帰ったら、母ちゃんは育児放棄どころか、賢母、驚くほどちゃんと育児しました。やんちゃな一頭が今の娘です。のんびり屋のもう一頭息子は、もらわれていきました。娘が生まれたことで、父ちゃんはやっと仲間ができて、遊んだりできるようになりました。

その後、家族での序列は、父ちゃんの立場をはっきりさせるため、父ちゃん、母ちゃん、娘という順位になり、安定した柴一家が構成されました。

母ちゃんは年齢と共に病気が多発。11歳位ぐらいで、アトピー性皮膚炎を発症し、飼い主の対応が遅れたため、掻き掻き、舐め舐めで皮膚は固く黒くなり、ぼろぼろに通院、投薬になりました。そして続くように、12歳で目の下に腫瘍ができて、場所がよくないので、至急手術で切除、検査結果は良性でした。

魔の29年と家族で呼んでいる年、母ちゃん14歳、顎の下にコブトリ爺さんみたいに腫瘍ができ、これもまだ大丈夫ではという飼い主の対応で、獣医さんにこれ以上大きくなったら切除、縫合できない大きさと言われ、至急手術で切除になりました。腫瘍は、運よくまたで良性ほっとしました。

病気は母ちゃんだけだなあと思っていた秋、ほとんど病気にならない当時12歳の父ちゃん、上顎目の下が徐々に腫れてきました。病気をしたことがないので、触ってみたら固いので、骨が出てきたんかなあという呑気な飼い主のため、獣医さんに診てもらった時は、すぐ手術しますという段階で切除を試みましたが、切除できない病気「上皮腫瘍」で、しかも悪性との診断！え！！なんでという状況でした。

獣医さんから、目の下で上顎を手術で切除できないから、治すには遠方の大学病院で放射線治療、しかも毎回全身麻酔で治療、家族と離れる時間も多く、何回放射線治療すればいいかはわからないという診断でした。毎回の全身麻酔の12歳の体への負担、父ちゃんは優しい性格でビビりで、多数の渡る治療は、精神、肉体共に負担があると言われました。

治るならと一時は放射線治療しようと思いましたが、獣医さんは、この悪性腫瘍は増殖が速いけど他への転移はしない、増殖を遅らせる薬に可能性があること、現在痛みとか食事とか生活困難でないこと、治療開始が13歳、柴犬の平均寿命14歳ぐらいであること、人間と違って犬は自分が病気とはわからない、治療で嫌な目にあうと感じること、家族と離れているのが一番つらいこと、という先生の意見を聞いて、飼い主の治してあげたいという気持ちだけで、治療を継続しても、本当に父ちゃんのためになるのだろうかと考え悩みました。私の家族ともいろいろ話した結果、放射線治療せず薬を飲んで、少しでも長く家族一緒に過ごすことを優先することにしました。

現在は、腫瘍の大きさはあまり変わらない、食事や生活の影響が出ていないので、積極的に柴一家を連れて、旅行、キャンプ、たくさんの思い出ができるようにしています。

父ちゃんだけでなく、母ちゃんも15歳、娘だって9歳だから、柴一家が、一家でなくなることも考えられます。考えてもしたかがないので、できるだけ明るい闘病生活を送っていきたいと思っている毎日です。

今回感じたことは、飼い主の病気への対応に遅れが大変なことになること、獣医さんの「病気で難しい治療することは、犬にとっては負担で痛いし、高年齢で飼い主と離れることを考えると、必ず良いとは言えない」という動物の立場に立った言葉でした。

どこで線引き、判断するかとても難しいです。たまたま父ちゃん13歳だったので、今回の判断になっただけで、もっと若かったら決断も変わったと思います。

今回の決断も本当に良かったかはわかりません。ただよかったと思えるように、これから明るい柴一家の闘病生活を目指します。

老犬介護/日記

/元気くんママ

元気くんの場合

我が家の“元気”が亡くなって3か月が過ぎようとしています。穏やかな性格で大の散歩好き、芸もなければ病気もない、“元気”は子供のいない共働き夫婦の無二のパートナーでした。14歳を迎える年の冬、脳疾患が原因とされる症状が突然現れます。ものすごい速さでくるくる回りぶつかって倒れる、もがいて排泄、「あーあー」とカラスのような声で叫び続ける…。仕事を調整し、夫婦ふたり協力して面倒をみていましたが、容体は悪くなるばかりでした。1年半がたった頃、寝不足と心身の疲労から、わたしは「いつまで困らせれば気が済むの！」と罵言を吐き、瞬間“元気”を突き飛ばしてしまったのです。“元気”にとって一番の幸せとはなんなのだろうか。「人の手を借りよう……」悩んだ末、老犬介護施設に預ける決心をしました。自分たちにはできないよりよい介護をという思いがありました。

毎日必ず面会に行って寂しい思いをさせない、高額の費用のために頑張って働こう、そのときの約束です。施設に通えば、おのずといろいろなことを見聞きすることになります。雲をつかむようだった老犬介護の現状を知って、視界が開けたように感じました。老犬の症状はひと月を待たず刻々と変わっていきます。機を逃さず適切に対処していく経験豊富な介護士の技術に驚くばかりでした。でもプロに預けている安心感とは裏腹に、面会を終えてひとり自宅のドアを開けるときの寂しさと罪責感は耐え難いものでした。

老犬ホームはその性質から犬の出入りが頻繁で、預かる頭数や症状によって環境的に落ち着かない時期があったり、経営の都合で型通りの介護に終始する場面にも出くわしました。手厚い介護を受けながらも、“元気”にはできないことが増えていきます。自力歩行が難しくなった頃、ブログを通して知り合った九州の友人が亡き愛犬の大切な車椅子を譲ってくださいました。楽しそうに車椅子で歩く姿は今でも忘れられません。（車椅子はその後北海道に受け継がれて行きました。）

預けて1年が過ぎ、脳の発作が頻発するようになると、安静第一で大好きな車椅子に乗ることも叶わず、寝た状態で過ごす日が多くなりました。動物の医療訴訟が話題になるご時世です。施設からは同意書が提示され、面会も制限されました。“元気”はストレスから下痢をし、今まで聞いたこともないおかしな声で鳴き始めます。「うちに連れて戻ろう」と強く思いました。しかし“元気”の要介護度は高く、介護士も獣医師も反対でした。連れて戻れば介護の質は下がり、寿命は短くなると考えたからでしょう。圧迫排泄、膀胱洗浄、シリンジでの給餌、皮下点滴……、毎日通っていたとはいえ、見るのと自分でやるのとでは

全く違います。それでも仕事を辞め、レクチャーを受けてどうにか合格点をもらい、家に連れて帰りました。

自宅に戻ってからの“元気”は、ぎこちない介護にも静かに身をゆだね、終始穏やかな表情で一日一日が過ぎていきました。「次はないかもしれない」という思いでひとつひとつ世話を重ね、やっと慣れてきた頃“元気”は逝ってしまいました。わたしたちを労うかのような早い旅立ちでした。1年前に行き詰った介護のやり直しをさせてもらった……うちでの最後の1か月は神様からの贈り物だったのだと思います。

「“元気”が幸せであること」を一番に考えて試行錯誤したさまざまの場面、今思い返すと、ただただ一生懸命なだけの、飼い主の空回りであったように思えてなりません。そのときどきの選択がはたして正しかったのかどうか……。答えのない問いを繰り返す毎日です。

この3年間、たくさんの人に助けてもらいました。老犬介護は1対1の狭い世界に閉じこもらざるを得ないのが実情です。いつも優しい気持ちで接してあげたい…そう思いながら、心もカラダも疲れてしまい、無力感・自責の念で何度も心が折れそうになりました。そのようなとき支えてくれたのは、愛犬を亡くされた先輩方、介護経験のある獣医師、施設で共にすごした飼い主仲間でした。医療や介護の陰で見過ごされがちな『飼い主の心のケア』はとても大切だと感じます。愛犬が高齢になり、介護の最中に時折見え隠れする『愛する者を失う悲しみ』を、近い将来、真っ向から受け止めなければならないのですから。

ひとは縁あって動物と出会い、寄り添い寄り添われて暮らすなかで、多くのことを学ぶのだと思います。“元気”と一緒に過ごした16年は、かけがえのない、わたしたち夫婦の宝物です。

老犬介護/日記

/ Wan by Wan 三井惇

ドッグトレーナーの場合

わが家のドッグライフは1986年に迎えたオスのシベリアンハスキーから始まりました。大型犬は7歳過ぎればシニアと言われていたので、それなりの覚悟はしていましたが、実際介護が必要になったのは9歳ぐらいの頃だったと思います。散歩中ときおり前足が躓くのを見て、歳のせいだと思っていたところ、実は椎間板ヘルニアを患っていることが判明したのです。それでも緊急性は無かったので様子を見ていたところ、数週間後のある朝突然立てなくなりました。体を支えても起き上がろうとせず、自分の寝床から出てこようとはしませんでした。獣医師からもらったステロイドを投薬しましたが、彼が自力で立てるようになったのは丸1日半経ってからでした。その間、庭に抱いて出てトイレを促したのですが、彼は頑として支えられた状態でトイレをしようとはせず、自力で歩けるようになって初めて用を足すことができたのでした。

その後ステロイドが効いたのと、症状が安定したことから再び歩けるようにはなりましたが、散歩の度に前足の爪の上を削って血まみれになってしまうのでテーピングをしなければいけませんでした。子供の靴下や、当時はあまり数もなかった犬用の靴を試してみたのですが、脱げてしまったり、摩擦が大きすぎて歩けなかったりで、結局テーピングが一番動きやすいと言うことに落ち着きました。

それから1年後、本当に立てなくなって寝たきりの状態が数か月続きました。当時は介護用品などもあまりなく、日に何回か褥瘡防止のために20キロ超えの体を持ち上げて寝返りを打たせたり、排便排尿などで汚れた体を頻繁に拭くといったできる範囲のことぐらいしかしてやれませんでした。　獣医師が手術を提案したころにはかなり衰弱しており、手術自体は成功したものの、翌日には急変して帰らぬ犬となってしまいました。まだまだ老犬の介護等の情報が少ない時代でした。

それから10数年経ち、次に迎えたメスのボーダーコリーが14歳を目前に心臓発作をおこしました。この子は6歳と8歳の頃に不整脈が出たことがありましたが、実際に心臓の弁に異常があるとわかったのは12歳で尻尾の腫瘍切除の術前検査の時でした。大学病院では手術なども視野に入れてと言う話でしたが、人間ですら心臓の手術は簡単ではありません。体にメスを入れることに個人的に抵抗があるので、様子を見ていたところ2年後に発作が起きたという状況でした。幸いすぐに獣医師に処置をしていただき大事には至りませんでしたが、体調の回復までには2週間以上かかりました。

無事に14歳を迎えてからは、常に健康と言うわけには行かず、お腹を壊してみたり、また発作を起こしたりといろいろ心配事が増えていきました。それでも散歩ではできる限り自力で歩く機会は作ってやりましたが、帰りにへたってしまうことが多かったので、バギーを購入し、歩けなくなったら乗せるようにしました。足腰が弱くなるのは当然のことですが、そうなるとトイレもうまくできないことが増えてきます。支えながら排泄を補助することもありましたし、起き上がれずに排泄してしまう確率も高くなってきたので場合によっては紙おむつを付けることもありました。横もれしないタイプを探すのにいくつも試しました。　またちょっと目を離したすきに好きな方に行ってしまうと言うことも多くあったので、老犬だからと油断しないで見守るようにしました。多頭飼いだったため、とくに他の犬の排泄処理をしているときにフラフラと歩いて行ってしまうことが多かったのですが、この頃には大分耳も遠くなっていて呼んでも反応できなかったので気を付けるようにしました。

14歳から15歳の１年間は衰えていく様子を日々実感しました。歩いていたかと思うと突然止まって動けなくなったり、家の中でもボーっと立ちすくんでいたり。次第に無表情になっていったりと、時計が少しずつ止まりかけているように時間が流れていきました。旅立つ数日前からはご飯が食べられなくなり、嗜好の強いものをいろいろ試しましたが、食べられる量は限られていました。この頃は夜中に急変してもわかるようにと、私のベッドの上にトイレシーツを何枚も敷き、落ちないようにバリアでかこんだ中で寝かせていました。仕事で留守にしていた時間帯に旅立ったので最期のお別れはできませんでしたが、前日バギーに乗せて散歩していた時も自分から外の匂いを嗅ぐそぶりを見せ、表情が少し変わったのを覚えています。15歳2か月でした。

彼女の息子もまた母犬同様14歳を過ぎたあたりからちょっとした坂道でも躊躇するようになり、バギー持参で散歩するようにしました。ソファに上がれなくなってからは、床のドッグベッドで寝ていることが多くなったのですが、夏場はエアコンの冷気で体を冷やさないように、コットを買って底上げをしました。また、彼の場合は14歳過ぎたあたりからおねしょの回数が増えたため、泌尿器系のサプリを使うことで頻繁に起きることは避けられましたが、万が一のことを想定して、留守にする時や夜寝るときはマナーベルトを付けたりして体が冷えないように気を付けました。彼も母犬同様、完全に寝たきりの期間は数日間でした。おそらく、食事が取れなくなった時点で、点滴などの医療措置を考える方もいらっしゃると思いますが、動き回ることがなによりも好きな犬たちにとって、医療の力を借りて、ただ生かしておくということに抵抗があったので、私は自然に任せました。息子犬に関しては、仕事が休みの時に旅立ったので見送ることができました。初めの犬（ハスキー）が旅立った後の喪失感や後悔は尋常ではありませんでしたが、ボーダーコリーの母子が逝ってしまったときは多頭飼いだったこともあり、喪失感より、痛みを伴うことなく静かに旅立てたことに安堵感を感じました。ドッグトレーニングインストラクターの立場から、生徒さんやクライアントさんが愛犬とお別れしてしまう状況に遭遇しますが、なるべく早めに次の犬を探すようにアドバイスをしています。多頭飼いが許される環境であれば、シニア期に入る前に二頭めを迎えるようお声かけをしています。

人間は愛犬から多くのものをもらっているので、できる限りのことをしてやりたいという気持ちは誰しも同じだと思います。愛犬との関わり方はそれぞれだと思うので、飼い主の気持ちが尊重できるといいなと思っています。

おすすめの書籍

- **老犬生活 完全ガイド**

（若山正之／高橋書店／2006年）

- **飼い主、犬の手足になる！要介護犬プキとの2300日**

（犬山ハリコ／亜紀書房／2011年）

- **ハラスのいた日々**

（中野孝次／文春文庫／1990年）

- **犬往生 老犬と過ごした21年間**

（日野あかね／双葉社／2014年）

- **老犬コロが教えてくれた幸福**

（扇田 慎平／ワック／2004年）

- **老犬クー太18歳 一匹の柴犬と家族のものがたり**

（小堺正記／文藝春秋／2007年）

- **おひとりさま、犬をかう**

（折原みと／講談社文庫／2012年）

- **ずーっとずっとだいすきだよ**

（作・絵：ハンス・ウィルヘルム　訳：久山 太市 ／評論社／1988年）

- **さよならをいえるまで**

（著：マーガレット ワイルト　イラスト：フレヤブラックウッド　翻訳：石崎 洋司／岩崎書店／2010年）

- **いつでも会える**

（菊田まりこ／学研プラス／1998年）

- **わすれられないおくりもの**

（著・翻訳：スーザン・バーレイ　翻訳：小川仁央／評論社／1986年）

▶協力

- PEPPY（https://www.peppynet.com/）
- ユニ・チャームペット（http://pet.unicharm.co.jp/）
- 株式会社たかくら新産業（https://www.takakura.co.jp/fs/takakura/c/pet）
- HARIO株式会社（https://www.hario.com/seihin/productlist.php?bigclass=4）
- docdog（https://www.docdog.jp/）
- アニフル（https://anifull.jp/user_data/brand.php）
- 株式会社K9ナチュラルジャパン（https://www.k9natural.jp/）
- LABOLINE 動物アレルギー検査株式会社（http://www.aacl.co.jp/product/index.html）
- 株式会社ノラ・コーポレーション（https://www.nora.co.jp/）
- 生活の木（https://www.treeoflife.co.jp/）
- Hartz（http://hartz.jp/）
- Richell（https://pet.richell.co.jp/）

▶参考サイト

- アニコム損害保険株式会社（https://www.anicom-sompo.co.jp/）
- アイペット損害保険株式会社（https://www.ipet-ins.com/）
- 老犬ケア（https://www.rouken-care.jp/）
- 株式会社アイリスプラザ（https://www.iris-pet.com/wan/）

Chapagain, Durga, et al. "Aging of attentiveness in Border collies and other pet dog breeds: the protective benefits of lifelong training." Frontiers in aging neuroscience 9(2017).

Fast, R., et al. "An observational study with long - term follow - up of canine cognitive dysfunction: Clinical characteristics, survival, and risk factors." Journal of veterinary internal medicine 27.4 (2013): 822-829.

Fortney, William D. "Implementing a successful senior/geriatric health care program for veterinarians, veterinary technicians, and office managers." Veterinary Clinics: Small Animal Practice42.4 (2012): 823-834.

Greer, Kimberly A., Sarah C. Canterberry, and Keith E. Murphy. "Statistical analysis regarding the effects of height and weight on life span of the domestic dog." Research in veterinary science82.2 (2007): 208-214.

Hart, Benjamin L. "Effect of gonadectomy on subsequent development of age-related cognitive impairment in dogs." Journal of the American Veterinary Medical Association 219.1 (2001): 51-56.

Heath, Sarah Elizabeth, Stephen Barabas, and Paul Graham Craze. "Nutritional supplementation in cases of canine cognitive dysfunction—A clinical trial." Applied Animal Behaviour Science105.4 (2007): 284-296.

Horváth, Zsuzsánna, et al. "Three different coping styles in police dogs exposed to a short-term challenge." Hormones and behavior 52.5 (2007): 621-630.

Kraus, Cornelia, Samuel Pavard, and Daniel EL Promislow. "The size–life span trade-off decomposed: why large dogs die young." The American Naturalist 181.4 (2013): 492-505.

Landsberg, Gary M., Theresa DePorter, and Joseph A. Araujo. "Clinical signs and management of anxiety, sleeplessness, and cognitive dysfunction in the senior pet." Veterinary Clinics of North America: Small Animal Practice 41.3 (2011): 565-590.

Landsberg, Gary M., Jeff Nichol, and Joseph A. Araujo. "Cognitive dysfunction syndrome." Veterinary Clinics: Small Animal Practice 42.4 (2012): 749-768.

McMillan, Franklin D. "Maximizing quality of life in Ill animals." Journal of the American Animal Hospital Association 39.3 (2003): 227-235.

Metzger, Fred L. "Senior and geriatric care programs for veterinarians." Veterinary Clinics of North America: Small Animal Practice 35.3 (2005): 743-753.

Milgram, N. W., et al. "The effect of L-deprenyl on behavior, cognitive function, and biogenic amines in the dog." Neurochemical research 18.12 (1993): 1211-1219.

Milgram, Norton W., et al. "Cognitive functions and aging in the dog: acquisition of nonspatial visual tasks." Behavioral neuroscience 108.1 (1994): 57.

Milgram, Norton W., et al. "Long-term treatment with antioxidants and a program of behavioral enrichment reduces age-dependent impairment in discrimination and reversal learning in beagle dogs." Experimental gerontology 39.5 (2004): 753-765.

Milgram, Norton W., et al. "A novel mechanism for cognitive enhancement in aged dogs with the use of a calcium-buffering protein." Journal of Veterinary Behavior: Clinical Applications and Research 10.3 (2015): 217-222.

Mongillo, Paolo, et al. "Does the attachment system towards owners change in aged dogs?." Physiology & behavior 120 (2013): 64-69.

Rème, C. A., et al. "Effect of S-adenosylmethionine tablets on the reduction of age-related mental decline in dogs: a double-blinded, placebo-controlled trial." Veterinary therapeutics: research in applied veterinary medicine 9.2 (2008): 69-82.

Salvin, Hannah E., et al. "Under diagnosis of canine cognitive dysfunction: a cross-sectional survey of older companion dogs." The Veterinary Journal 184.3 (2010): 277-281.

Wallis, Lisa J., et al. "Aging effects on discrimination learning, logical reasoning and memory in pet dogs." Age 38.1 (2016): 6.

Zicker, Steven C., et al. "Evaluation of cognitive learning, memory, psychomotor, immunologic, and retinal functions in healthy puppies fed foods fortified with docosahexaenoic acid–rich fish oil from 8 to 52 weeks of age." Journal of the American Veterinary Medical Association 241.5 (2012): 583-594.

長谷川篤彦 監訳 サンダース ベテリナリー クリニクスシリーズVol.8-3 高齢動物の医学 p129 株式会社インターズー（2013）

水越美奈 監修 専門基礎分野 動物行動学 pp.78-81 株式会社インターズー（2014）

林一彦，林道子 犬の歯みがき読本 ～なるほど！読んでなっとく！　株式会社山水書房（2015）

須田沖夫　獣医畜産新報 70（2）p.86　文永堂出版（2017）

本書のモデル犬

ジャスティスちゃん

シャインくん

ネオくん

ももちゃん

あとがき

「この子（愛犬）に対する思いは飼いはじめたときから〝カワイイ〟ばかりで、このままずっとこの思いとともに一緒に生きていけるものだと考えていました。ただ、年老いて元気のない今の姿を見ていると〝カワイイ〟ばかりでなく〝かわいそう〟という思いが私の中に生まれてしまいます。介護って悲しいですね。しかもペットの介護はわからないことだらけで大変です……ただ、そんな中でもこの子が求めていることがわかって、介護が上手くいく時があります。そのときは、再び〝カワイイ〟ばかりの時間を一緒に過ごすことができるんですよ」と、悲しみと微笑みを交えながら語る飼い主さんとの出会いこそ、私が老犬介護と向き合うキッカケとなるものでした。少しの知識で介護が上手くいく瞬間は沢山あります。その知識を飼い主さんに届けるための本があれば、愛犬と飼い主が過ごす時間がグッと微笑む時間に傾くのでは！という思いで本書の編著者である間曽氏とこの本に取り組みました。本書で展開される介護の知識は医療の「Cure（キュア）」よりも、看護の「Care（ケア）」に重点を置いています。そのことで、飼い主にとってより身近で、ご家庭でも実施しやすい形にまとまったとおもいます。というのも、この知識自体が、元をただせば、介護現場において、愛犬を思う飼い主の「思いやりの想像力」が生んださまざまな工夫を基にした知識だからです。過去に介護を上手くやり遂げた飼い主さんが次の愛犬を急になくされたときには「介護もさせてもらえなかった……」という言葉が出ています。介護は少しの知識、少しの工夫、少し便利なグッズ、そして少し早目の準備で上手くいく可能性が大いに高まります。本書では、そんな少しを丁寧に解説させていただきました。介護に関連する広い領域を、各々の専門家が「動物看護」の視点を通して解説する新しい形の老犬介護本です。本書が老犬介護と向き合う飼い主さんの一助になれることを願っています。

最後に……
本書作成に協力してくれながら、出版を待てずに天に召されましたネオ君とももちゃんに感謝。

編集 福山貴昭

編集

福山 貴昭（ヤマザキ動物看護大学 講師）
動物看護の視点からイヌの品種やケアについて研究。犬種図鑑の監修などを手がける。年齢に応じたケアから災害時におけるケア方法まで、ペットと共生するために必要な健康管理を含めたケアの重要性を研究している。

間曽 さちこ（ペットケア・アドバイザー）
環境カウンセラーとしての活動のほか、横浜市動物園等指定管理者選定評価委員、飼育野生動物栄養研究会幹事を務める。老犬の介護についてさまざまなアプローチで情報発信をしている。編著『柴犬のひみつ』。

老犬生活応援隊メンバー

第１章 **花田 道子**（ヤマザキ動物看護大学 教授・獣医師）
自然療法を用いた疾病の予知・予防及び、動物の治癒力アップをテーマに研究。共著『ペットがガンに負けないために』『ペットがガンになってしまったら』。

第２章 **川野 浩志**（プリモ動物病院 練馬 院長・動物アレルギー医療センター センター長）
北里大学獣医畜産学部獣医学科卒業。

三浦 貴裕（町田森野プリモ動物病院 院長）
私立酪農学園大学獣医学部卒業。全身の疾患との関連が強い歯科口腔外科を研究、日本小動物歯科研究会に所属。

第３章 **茂木 千恵**（ヤマザキ動物看護大学 講師 獣医師）
専門は獣医動物行動学。現職では教育・研究活動の傍ら、一般の飼い主への伴侶動物の問題行動治療や子犬教室を開催。ペットの老化に伴う認知行動の変化とサプリメントの効果について指導。

第４章 **堀井 隆行**（ヤマザキ動物看護大学 講師）
伴侶動物のストレス管理や行動修正を研究。ペット用品の製品開発のアドバイスやアニマルセラピー活動に携わる。シニア期に役立つ植物由来成分（アロマとハーブ）についても研究。共著『知りたい！やってみたい！アニマルセラピー』。

第５章　**井上 留美**（ヤマザキ動物専門学校 副校長）
高齢動物のQOL（生活の質）の向上をめざした動物理学療法の技術と理論を教育。ヤマザキ動物看護大学において「動物のリハビリテーション」授業を担当。

第６章　**宮田 淳嗣**（ヤマザキ動物看護大学 助教）
ペットのグルーミング効果やイヌへの負担軽減をテーマに科学的なケアを研究。イヌの美容よりも動物福祉や健康管理を重視したケアを行う。

第７章　**福山 貴昭**（ヤマザキ動物看護大学 講師）
動物看護の視点からイヌの品種やケアについて研究。犬種図鑑の監修などを手がける。年齢に応じたケアから災害時におけるケア方法まで、ペットと共生するために必要な健康管理を含めたケアの重要性を研究している。

第８章　**荒川 真希**（ヤマザキ動物看護大学 助教）
加齢に伴う身体的変化において、飼い主へ運動介助などのケアを教授できる動物看護師の教育に携わる。

第９章　**川添 敏弘**（倉敷芸術科学大学 動物生命科学科教授 獣医師）
獣医師と臨床心理士の立場から、人と動物の関係学やアニマルセラピーをテーマに研究。共著『知りたい！やってみたい！アニマルセラピー』。

第10章　**山川 伊津子**（ヤマザキ動物看護大学 講師）
補助犬やアニマルセラピーの分野で、伴侶動物を介在させた人への福祉について研究。小学校や高齢者施設を訪問し、動物介在活動に取り組んでいる。

第11章　**新島 典子**（ヤマザキ動物看護大学 准教授）
ヒトと動物の多様な関係性を、社会学や死生学の視点から研究。共編著『ヒトと動物の死生学』秋山書店、共著『動物のいのちを考える』朔北社、共著『Companion Animals in Everyday Life』Palgrave Macmillan

第12章　**加藤 理絵**（ヤマザキ動物看護大学 准教授）
動物のスペシャリストに必要な飼い主に対するコミュニケーション技術について臨床心理士の立場から教育。老犬を介護する飼い主の心のケアを研究。

明るい老犬生活

今日からできる頑張りすぎない12のこと

2019年2月10日　初版第1刷発行

著者／老犬生活応援隊

編集／福山貴昭・間曽さちこ

イラスト／犬山ハリコ（p.8, 73, 77, 78）

協力／紅林あづさ、星和也

発行者　斉藤　博
発行所　株式会社 文一総合出版
〒162-0812　東京都新宿区西五軒町2-5
電話　03-3235-7341（営業部）
ファクシミリ　03-3269-1402
郵便振替　00120-5-42149
印　刷　奥村印刷株式会社

定価はカバーに表示してあります.
乱丁, 落丁はお取り替えいたします.

Printed in Japan
ISBN978-4-8299-7225-0（C2076）
NDC：645　144ページ　A5判（210×148 mm）